JN272637

佐野武・嘉納成男・蔡成浩 著

# 建築測量
## 基本と実践

彰国社

デザイン・小林義郎

# まえがき

　建築物は、隣地や道路境界に挟まれた敷地に建てられる。そのため、建物の位置や方位を正確に敷地内に配置するための計測が必要になるとともに、建物の主要な通り芯を正確に定めて精度を確認しながら施工していくことが不可欠である。また、改修工事等においては、既存の建物がどのように施工されているか、各部寸法を計測し改修設計の資料とする。さらに、歴史的な建造物など詳細な設計図が入手できない建築物については、建物全体と各部の寸法を計測し、これを図面化することも必要になる。

　このような建築物の計測に関わる技術が建築測量である。

　建築測量では、建物全体の位置や形状の把握とともに、柱、梁、窓などの各部寸法、さらに、各部の垂直性や水平性の計測など、計測範囲は様々であり、使用する機器の種類も多い。

　本書は、建築測量についての主要な事柄を概説するとともに、既存の建築物の位置や形状を把握するうえでの基本的な計測方法を示し、建築物を造るために必要な計測方法を述べている。纏めるにあたっては、佐野が長年の建築実務で培った様々な知見を踏まえて執筆した、早稲田大学建築学科の授業「建築測量」講義ノートをもとに、嘉納と蔡が協力して加筆した。ページ数の制約から講義ノートすべての内容を含むことはできなかったが、建築測量に対する考え方や方法については、本書に凝縮することができた。

　本書が、建築における「測る」と「造る」技術を学ぶ学生や若手技術者の方々に、建築測量の重要性に気付いて頂くとともに、その技術の根底に流れる建築測量の考え方について理解して頂く手助けになれば、著者一同の慶びである。

　　2013 年 7 月吉日

著者一同

建築測量 基本と実践　目次

　　　　まえがき　　　　　　　　　　　　　　　　　　003

# 1 概論

　　1.1　測量の分類　　　　　　　　　　　　　　　008
　　1.2　測量技術の変遷　　　　　　　　　　　　　014
　　1.3　測量の基準　　　　　　　　　　　　　　　018
　　1.4　測量における位置の表し方　　　　　　　　022
　　1.5　測量に使用する基本的な三角関数　　　　　025

# 2 距離（長さ）測量

　　2.1　使用機器　　　　　　　　　　　　　　　　028
　　2.2　巻尺による距離測量　　　　　　　　　　　028
　　2.3　光波距離計による距離測定　　　　　　　　032

# 3 水準（高さ）測量

　　3.1　使用機器　　　　　　　　　　　　　　　　038
　　3.2　レベルによる水準測量　　　　　　　　　　039

# 4 角度測量

　　4.1　使用機器　　　　　　　　　　　　　　　　050
　　4.2　セオドライトによる角度測量　　　　　　　052

# 5 三次元測量

| | | |
|---|---|---|
| 5.1 | 使用機器 | 066 |
| 5.2 | トータルステーションによる三次元測量 | 067 |
| 5.3 | GPSによる三次元測量 | 070 |
| 5.4 | ステレオカメラによる三次元測量 | 072 |
| 5.5 | レーザースキャナーによる三次元測量 | 074 |

# 6 建築工事における測量の実践

| | | |
|---|---|---|
| 6.1 | 建築工事測量の分類 | 078 |
| 6.2 | 施工計画 | 079 |
| 6.3 | 基準点測量 | 080 |
| 6.4 | 墨出し作業 | 085 |
| 6.5 | 杭工事 | 089 |
| 6.6 | 土工事 | 093 |
| 6.7 | 鉄筋コンクリート工事 | 098 |
| 6.8 | 鉄骨工事 | 105 |
| 6.9 | 仕上げ工事 | 108 |
| 6.10 | 施工精度 | 115 |

# 7 実習課題

| | | |
|---|---|---|
| 7.1 | 距離測量 | 122 |
| 7.2 | 水準測量 | 125 |
| 7.3 | 角度測量 | 129 |
| 7.4 | 三次元測量 | 133 |

| | |
|---|---|
| 参考文献 | 137 |
| 索引 | 138 |

# 1
## 概 論

測量とは2点間の距離、高低差および2つの方向の間の角度を測定し、絶対的な位置または相対的な位置を決めるとともに、図面や数値で表された位置を地上に測定し、再現する技術をいう。

本章では、測量の分類、測量技術の歴史的変遷、測量の基準、測量における位置の表し方、測量に使用する基本的な三角関数について述べる。

## 1.1 測量の分類

測量は、その規模、目的、計測対象および使用する機器、測量法による分類ができる。

### 1.1.1 規模による分類

**(1) 大地測量**

地球全体を対象範囲とし、地球が回転楕円体または球体である前提で地表面を測量する。その位置関係は三次元で表す。測地学的測量ともいう。

**(2) 平面測量**

地球上の一部分を対象範囲とし、地表面が平面である前提で測量する。国土地理院が行う基本測量、工事に伴うすべての測量が含まれる。局地測量ともいう。

### 1.1.2 目的による分類

**(1) 基本測量**

測量の基礎となるもので、既存の基準点（三角点）、水準点の確認や新設点を定めるために、国土地理院が行う。

**(2) 地形測量**

土地の平面的な形状と高低起伏を表す地形図を作成するために行う。

**(3) 応用測量**

道路、河川、港湾、トンネル、農地、山林、市街地などの計画、調査、実施設計、用地取得、管理などに必要な図面、資料を得るために行う。土木測量ともいう。

**(4) 地籍測量**

土地の寸法、面積を精密に定め所有関係を確認するために行う。

**(5) 工事測量**

建築工事に必要な、事前調査、工事を進めるための墨出し、精度管理、安全管理のために行う。

### 1.1.3 計測対象および使用する機器による分類

**(1) 距離測量**

測点間の水平距離、垂直距離、斜距離を巻尺、光波距離計などを

> **ポイント**
>
> **国土地理院**：地理空間情報の整備・更新・提供を行う国土交通省の特別機関である。

用いて計測する。

### (2) 水準測量
基準となる高さに対する測点の高低差をレベル、水準器などを用いて計測する。

### (3) 角度測量
測点間が成す水平角、鉛直角、磁北に対する方位角（方向角）をセオドライトなどを用いて計測する。

### (4) 三次元測量
器械点から測点Aまでの水平距離、水平角、天頂角を計測し、図1.1のように、三次元の座標をトータルステーション、レーザースキャナーなどを用いて計測する。

> **ポイント**
> **測量における座標系**：X軸は原点において真北を（＋）とし、Y軸は原点において真東を（＋）とする。

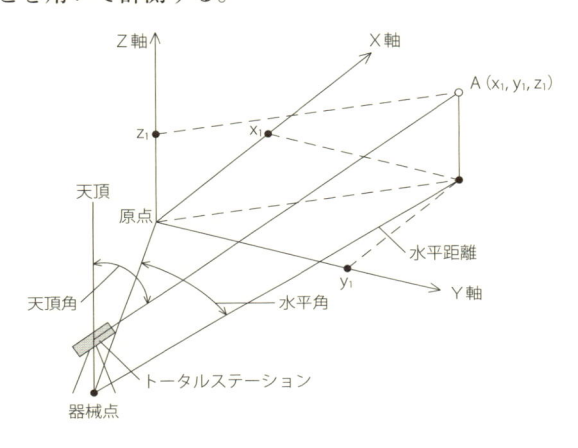

図1.1　トータルステーションを用いた三次元座標の測定

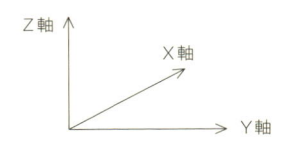

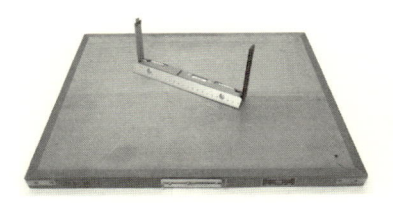

### (5) 平板測量
アリダートを水平に設置した図板を用いて測点A、B、C、Dを視準し、その方向線を図板上に描き、測点までの距離を測定し、図1.2のA'、B'、C'、D'のように縮尺図を描く方法である。応用測量などに利用されるが精度は低い。

写真1.1　図板とアリダート

> **ポイント**
> **アリダート**：図板上に置いて前後の視準板を見通して目標物までの方向線を引くための道具である。図板の水平度を確かめる水準器や定規がついている。

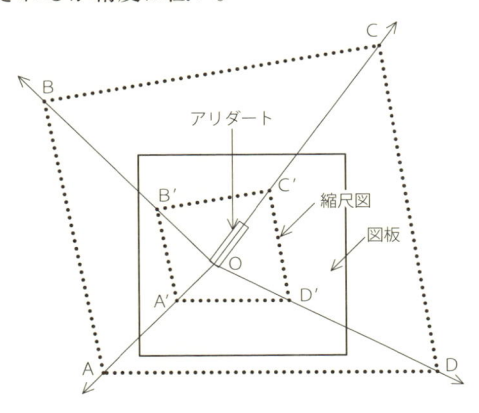

図1.2　平板による縮尺図の作成

## (6) スタジア測量

セオドライトを用いて測点に設置した標尺を視準し、セオドライトの望遠鏡に表示されるスタジア線にはさまれた標尺の目盛を読み、その縮尺により、図1.3のように水平距離、高低差を求める方法である。測定精度は高くない。

> **ポイント**
> スタジア定数とスタジア加数は器械メーカーが測定し、仕様書に記載している。

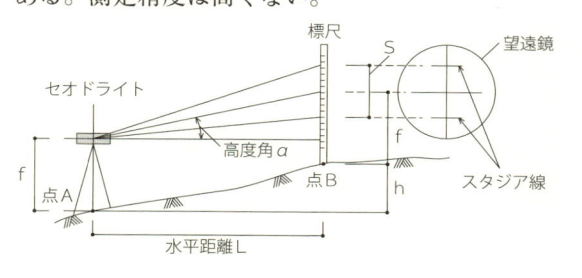

$L = K \times S \times \cos^2 a + C \times \cos a$

$h = K \times S \times \dfrac{\sin 2a}{2} + C \times \cos a$

S：上下スタジア線にはさまれた標尺の上下の目盛の差
K：スタジア定数（使用する器械の固有の数値）
$a$：高度角
C：スタジア加数（使用する器械の固有の数値）
L：点Aから点Bまでの水平距離
h：点Aと点Bの高低差
f：セオドライトの器械高さ

図1.3　スタジア測量による高さの測定方法

## (7) 三角測量

測点間の距離を直接計測できない状況の測量に用いる。測点間に新たな測点を設けて、それを頂点に三角形をつくり、図1.4のように三角形の各頂点間の距離・角度を測定し、正弦定理により測点間の距離を計算する。

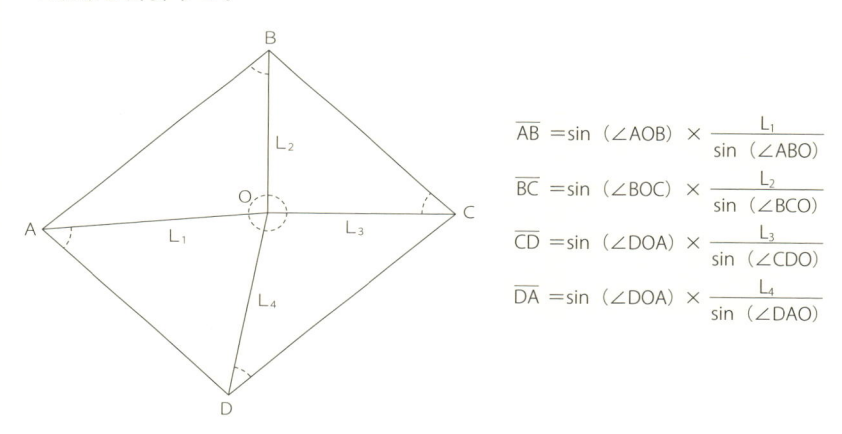

$\overline{AB} = \sin(\angle AOB) \times \dfrac{L_1}{\sin(\angle ABO)}$

$\overline{BC} = \sin(\angle BOC) \times \dfrac{L_2}{\sin(\angle BCO)}$

$\overline{CD} = \sin(\angle DOA) \times \dfrac{L_3}{\sin(\angle CDO)}$

$\overline{DA} = \sin(\angle DOA) \times \dfrac{L_4}{\sin(\angle DAO)}$

図1.4　三角測量による距離の測量方法

## (8) 三辺測量

測点間の距離を計測して、各測点の位置を決める場合に用いる。

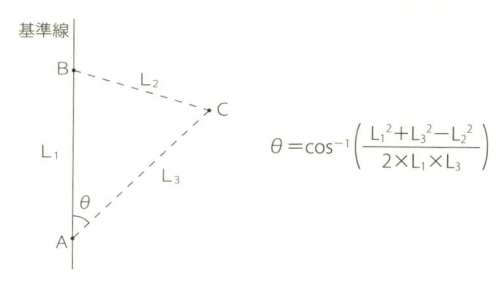

$\theta = \cos^{-1}\left(\dfrac{L_1^2 + L_3^2 - L_2^2}{2 \times L_1 \times L_3}\right)$

図1.5　三辺測量による角度の測定方法

基準線上の2つの測点間の距離および新たな測点間の距離を用いて、図1.5のように余弦定理により基準線から新たな測点までの水平角度を計算する。近年、光波距離計などの機器の発達とともに高精度な距離の計測と位置決めが容易になっている。

### (9) 多角測量

測点間の距離と角度を計測し、複数の測点の位置を決める場合に用いる。測点の誤差を補正する方法によって、閉合トラバース、開放トラバース、結合トラバースに分類できる。

#### ①閉合トラバース

基準線上にある測点から順次、各測点間の距離と角度を計測し、図1.6のように各測点を頂点とする多角形を作成する。作成した多角形の閉合結果を用いて、計測誤差を補正することができる。

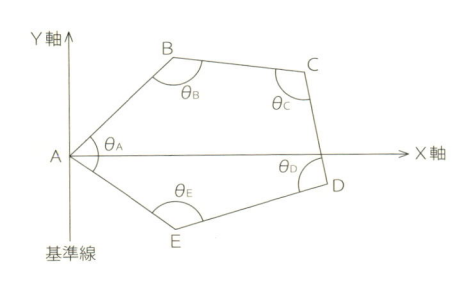

角度の補正
内角の合計　$\theta = \theta_A + \theta_B + \theta_C + \theta_D + \theta_E$
閉合差　　　$\Delta\theta = \theta - (180° \times 3)$
補正値　　　$a = \dfrac{\Delta\theta}{5}$

座標の補正
X軸の誤差　$\varepsilon_x = x_A + x_B + x_C + x_D + x_E$
Y軸の誤差　$\varepsilon_y = y_A + y_B + y_C + y_D + y_E$
閉合差　　　$\varepsilon = \sqrt{\varepsilon_x^2 + \varepsilon_y^2}$

補正値（コンパス法）　x成分　$V_x = \dfrac{距離}{合計距離} \times \varepsilon_x$
　　　　　　　　　　　y成分　$V_y = \dfrac{距離}{合計距離} \times \varepsilon_y$

図1.6　閉合トラバースによる計測誤差の補正

#### ②開放トラバース

基準線上にある測点から順次、各測点間の距離と角度を計測し、図1.7のように各測点を結合する。各測点の結合結果は関係性がないため、計測誤差を補正することができない。

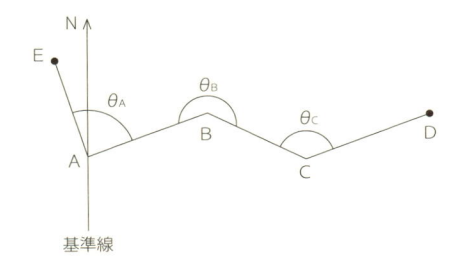

図1.7　開放トラバース

#### ③結合トラバース

開放トラバースに対して、基準線上の測点を2つ以上設定することで、図1.8のように計測誤差を補正できるようにした方法である。

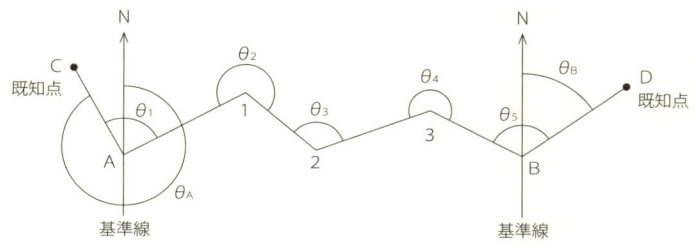

図1.8　結合トラバース

### (10) 空中写真測量

飛行機などにカメラを設置し、図1.9のように一定の高度を飛行しながら、地表の写真を60%ずつ重なるように連続して撮影することで、地形や構造物を測量する方法である。測量結果は地形図作成などに使われる。

> **ポイント**
>
> **デジタル航空カメラ**：空中写真測量用の写真を撮影するカメラである。大判の写真を撮るための複数のCCDセンサー、垂直を制御するためのジャイロセンサーなどの特殊な機構を有する。フィルムカメラが主流であったが、近年デジタルカメラが普及している。

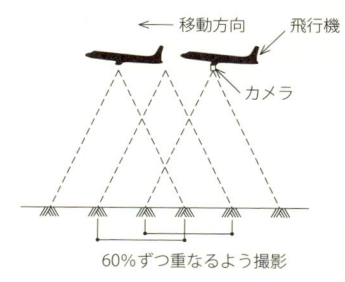

図1.9　空中写真測量

### (11) 地上写真測量

カメラと被写体の幾何学的関係性に基づいて、被写体の位置や大きさなどを測定する方法である。ステレオカメラを用いた図1.10の三次元測量など、カメラ技術の発達とともに多くの分野に応用されている。

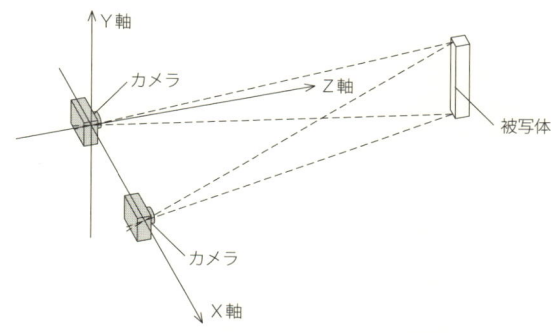

図1.10　ステレオカメラによる三次元測量

### (12) 全地球測位システム

地球上空を旋回する衛星から送られる電波を利用して、測点から衛星までの距離を計算し、図1.11のように4台以上の衛星との位置から地球上のあらゆる場所の位置を高精度で求める測量方法であ

る。GNSS（Global Navigation Satellite Systems）ともいう。GPS、GALILEO、GLONASSなどの測位衛星の総称である。

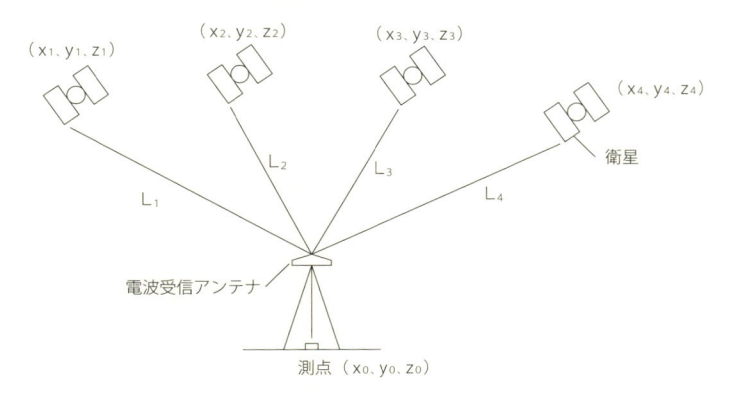

図1.11　衛星による測位システム

### (13) レーザースキャナーによる三次元測量

一定の角度で回転するレーザー距離計の機能をもつレーザースキャナーを利用して、測定対象物の表面の形状を短時間に三次元位置座標で求める測量方法である。

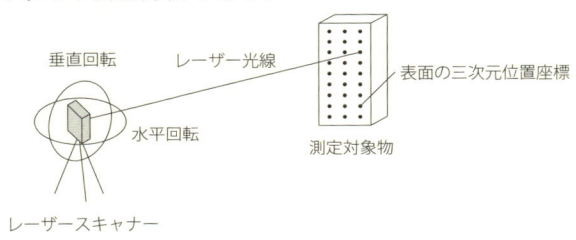

図1.12　レーザースキャナーによる三次元測量

## 1.1.4 測量法による分類

測量法第3条（平成23年6月3日改正）では、「測量とは土地の測量をいい、地図の調製および測量用写真の撮影を含むものとする」とし、測量法の適用を受ける測量として「基本測量」、「公共測量」、「基本測量および公共測量以外の測量」の3つに分類している。

①基本測量
すべての測量の基礎となる測量で国土地理院が行うものをいう。三角点測量、水準点測量、国土基本図測量、地形図測量などである。

②公共測量
小道路もしくは建物のためなどの局地的測量で、測量に要する費用の全部もしくは一部を国または公共団体が負担、もしくは補助して実施する測量で、国土地理院以外の省庁、公団、市区町村が行う。

③基本測量および公共測量以外の測量
基本測量または公共測量の測量成果を利用して実施する基本測量および公共測量以外の測量である。

> **ポイント**
> 敷地内で工事を行うときの建築工事測量は測量法の適用は受けない。

## 1.2 測量技術の変遷

### 1.2.1 古代から近世にかけての測量技術

#### (1) 西欧

　長さを示す基準として人体の身長、手、足、肘などの長さが使われていた。古代エジプトでは長さを測る道具として麻縄に一定間隔（人体を基準に定めた寸法）の結び目を付けたものが使われた。また、直角を測る曲尺、垂直を測る下げ振り、水平を測る逆丁字形の下げ振り、木材の溝に水を溜めた水準器などが遺跡から発掘されている。

　BC600年ごろ、ギリシャ人タレスは相似三角形の性質を利用して、直接測ることのできないピラミッドの高さを算出している。BC240年にはエジプト人エラトステネスによって地球の周長が測定され、BC200年ごろにはヒッパルコスによって三角法が創案され、緯度、経度を用いて地球上の位置を規定する方法が発明されている。900年代になってシリア人アブール・ワーファ、アル・バターンなどによって三角関数が開発され、12世紀後半になって三角法の完成へと発展、三角測量の基礎が出来上がった。

> **ポイント**
> **麻縄による直角の作成**：麻縄を等間隔の結び目によって12等分し、三角形の3：4：5の比例による直角を設定する。

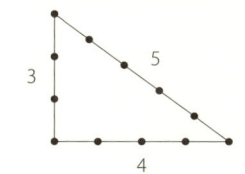

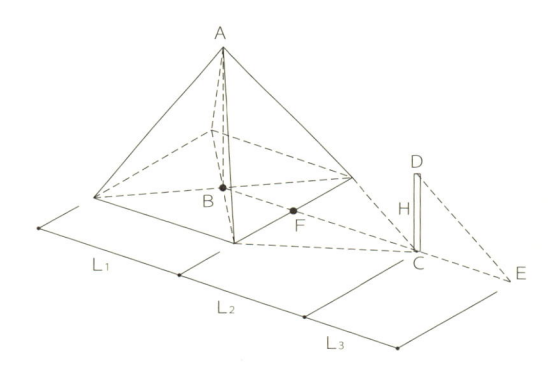

ピラミッドの影の先端部に長さHの棒を立て、ピラミッドの一辺の長さ（$L_1$）、ピラミッドの影の長さ（$L_2$）、棒の長さ（$L_3$）を計測してピラミッドの高さを求めている。

$$\overline{AB} : \overline{DC} = \overline{BC} : \overline{CE}$$

$$\overline{AB} = \frac{\overline{DC} \times \overline{BC}}{\overline{CE}}$$

$$\overline{AB} = \frac{H \times \left(\frac{L_1}{2} + L_2\right)}{L_3}$$

図1.13　相似三角形の性質によるピラミッドの高さの算出

#### (2) 中国

　中国では古代から「規矩準縄」という言葉があり、4種類の測量機器が使われていた。「規」は円を描くコンパス、「矩」は直角を測る曲尺、「準」は水平を測る道具、「縄」は長さを測る道具である。山東省にある武氏祠石室（147年）の内部の画象石に「規」と「矩」の絵が刻まれているが、そのころの建築には盛んに使われていたのであろう。

　秦～漢時代になり測量技術に必要な数学（面積や体積から辺の長さや直径を算出する方法、ピタゴラスの定理を使った計算法など）が飛躍的に発展した。

　魏の時代に書かれた測量書『海島算経』ではピタゴラスの定理や三角形の相似を利用し、100里離れた地点までの距離や高さを求め

る方法が書かれている。

### (3) 日本
#### ①測量の始まり

縄文後期〜弥生時代（BC2〜AD3世紀）には、集落や水田などの工事に簡単な測量が行われたが、古墳時代（3〜6世紀）になると古墳築造など本格的な測量を必要とする大規模な土木工事が行われた。

雄略天皇（457〜480年）の代になり、中国（新羅）からの帰化人によって、初めて基礎上に柱を建てた2階建ての宮殿が建設された。その際、新しい大工道具と一緒に測量道具も導入された。

#### ②規矩術の完成

鎌倉時代になって木造建築技法である規矩術が完成したといわれている。複雑に組み合わされた組物や曲面で構成された軒などの部材を間違いなく納めるため、さしがね（曲尺）を使って角度と寸法の関係を求める手法である。また木造建築の寸法は柱間隔、柱径、垂木幅、垂木一枝（垂木せいと木間の和）を基本とし、これらとの比率ですべての構造部材の設計寸法を決める木割の術が完成した。

#### ③数学を利用した測量技術の導入

江戸時代になって、日本では新しい測量方法が行われるようになった。1627年吉田光由が著した『塵劫記』には簡単な道具を使って計測を行い、比例計算により長さ、高さを測る方法が書かれている。

測量技術が飛躍的に向上したのは、オランダから測量技術が導入されてからである。オランダ流の測量術は縮図を描いて距離や高さを求める方法で、現在の平板測量に相当するものである。

> **ポイント**
> 1733年、村井昌弘が著した『量地指南』では平板を用いて距離や高さを求める方法を記している。

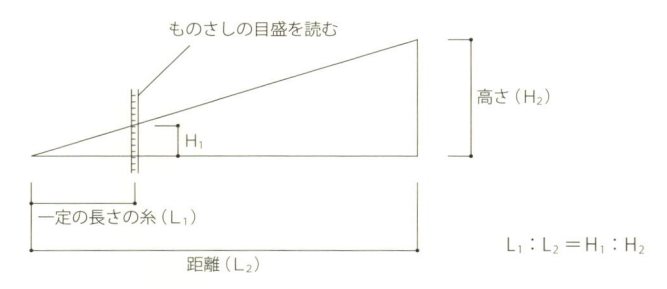

図1.14 比例計算による長さ・高さの計測

$L_1 : L_2 = H_1 : H_2$

#### ④新しい測量機器の輸入

1727年中国から『崇禎暦書』が輸入され、その中に三角関数表（割円表、八線法）が含まれていた。三角関数表を用いる測量を行うには測量器械が必要となり、六分円器（セキスタント）や八分円器（オクタント）など新しい器械が輸入され使用された。

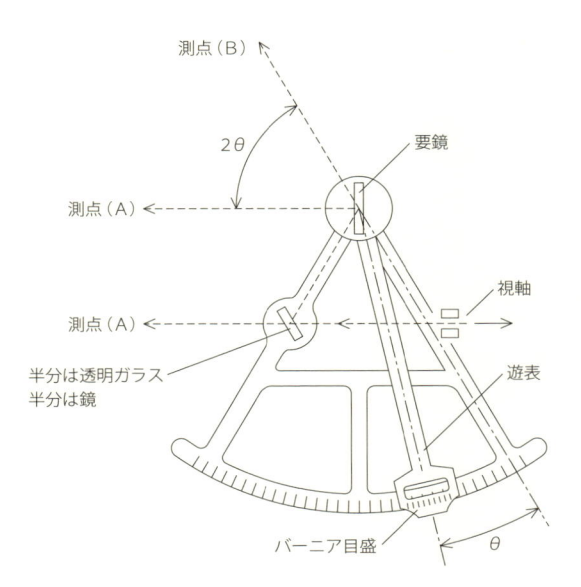

図1.15　六分円器

> **ポイント**
> 六分円器は、中心角60度の弧に120度の目盛をつけ、120度まで測定できる。

## 1.2.2 近代測量技術の発展

### (1) 精密な測量機器の開発

測地、航海のため、新しい器械の開発と三角関数を用いる測量が盛んに行われた。1571年イギリス人トマス・ディッグスが垂直の角度を測る経緯儀を開発、1597年フィリップ・ダンフリーが水平の角度を測る測定器を発明した。1660年代にフランスで、初めて望遠鏡に十字線を入れた照準望遠鏡が測量に使われた。同時に角度の目盛読取りにはバーニアが採用され、精密な測量が可能となった。

### (2) 三角測量による地図作成

三角関数を利用した三角測量は、1615年オランダのスネリウスによってライデンからハーグ間を基線として緯度の長さの計測が行われたが、望遠鏡がまだ使われていなかったため、3%程度短く測定されている。1669年から70年にかけて、パリ天文台長ジャン・ピカールによってスールドンからマルヴォワジーヌまで（142km）の地上距離に対する子午線上の弧長（1度）測量が行われた。この時初めて望遠鏡が使われた。1718年その後を継いだジャック・カッシーニによって、パリを南北に縦断する三角鎖が完成し緯度の長さが計測された。その後も地図作成事業が続けられ、1818年にはフランス全土が三角網に覆われるようになり、フランス全土の精密な地形図ができた。

### (3) 水準測量による地形図作成

地形の高低を測量し地形図に表現する方法として発達したのが等高線図法であり、最初は航行する船舶のための等深線を描いた地図が1729年オランダのクルクァイスによって作成されている。陸上では1799年フランスのデュパン・トリエルによってフランス地形

トランシット（otto社製）

トランシット（中野社製）

レベル（GORLEY社製）

写真1.2　近代の測量機器

図に等高線が示されたのが初めとされている。1807年フランスのブレストで験潮が始まり、1857～60年精密水準測量が行われた。

### (4) 日本の三角網の整備
日本では1880年関東地方から測量を着手、一等三角点は1882～1909年、二、三等三角点は1884年～大正初期にかけて全国に設置を完了した。

### (5) 日本経緯度原点の決定
日本の経度・緯度はベッセル楕円体（1841年）に基づいて天文観測により決定し、基準となる日本経緯度原点は旧東京天文台の子午環の中心点に設置され、1918年「北緯35°39′17.5148″、東経139°44′30.0970″」と定められた。その後、2002年測量法が改正され、経緯度の測定は、これまでの日本測地系に代えて世界測地系に従って行うこととなった。それに伴い、日本経緯度原点は「北緯35°39′29.1572″、東経139°44′28.8759″」と定められた。2011年には東北太平洋沖地震に伴い、「北緯35°39′29.1572″、東経139°44′28.8869″」に改定された。

### (6) 日本の水準網の整備
全国一等水準網の第1回測量を完了したのが1913年である。日本の水準原点は1891年東京都千代田区永田町の憲政記念館敷地内に設置され、関東大震災後の1928年に標高24.4140mに改定された。2011年には東北太平洋沖地震に伴い、標高24.3900mに改定された。

## 1.2.3 測量技術の高度化

### (1) 測量技術の高度化
望遠鏡を利用した光学的測量器械での測量は、測量器械への電子技術の導入によって飛躍的な発展をとげた。光波による測距、電子的読取りによる測角、計算機能の内蔵、表示の電子化などの機能を有する器械が開発され、さらにコンピューターと連動させてデータの処理、図面化が可能となった。

### (2) 人工衛星を使った測量
人工衛星を利用したGPS測位システムはアメリカで船舶、航空機、自動車など移動体の航法支援用に開発されたものを応用したものである。1989年2月から打上げを開始したGPS衛星は現在地球上のどの地点からも電波の受信が可能となり、日本でも基準点測量、地殻変動測量、造成工事、トンネル工事などの土木工事に盛んに採用されるようになった。GPS以外にロシアのGLONASS、ヨーロッパのGALILEO、日本のQZSS（準天頂衛星）などがあり、2011年それらの総称がGNSSと名称変更となった。

### (3) 恒星からの電波を利用した測量
VLBIは、地球から数十億光年も離れたクウェーサーと呼ばれる星からの強い電波を、地球上の数千km離れた2カ所の巨大アンテナで同時に受信し、その到達時刻の差で2点間の距離がわずか数

> ポイント
> **VLBI**：Very Long Baseline Interferometry（超長基線電波干渉法）の略である。

mm の誤差で測定できる測量技術である。日本では1981年から装置の製作に着手、1986年から本格的に測地網の規正、プレート運動や地殻変動の検出などのための観測を始めた。

### (4) 三次元測量

対象物の形を三次元で測定する技術は、ステレオカメラやレーザースキャナーなどの測定機器の高度化とデータを処理するコンピューターの能力の向上により、急速に進んでいる。三次元CADで作成した建物モデルや三次元測量器を用いた墨出しの自動化、測定した三次元データによる品質管理の自動化などの応用に使用されている。

### (5) 測量のIT化

無線ネットワークや情報端末などの情報通信技術や測量分野にも応用され、測量の無人化技術の開発、測量データによる作業管理技術の開発が進んでいる。

## 1.3 測量の基準

### 1.3.1 地球の大きさ

#### (1) 地球の大きさの測定

地球上の位置を緯度、経度、高さで正確に表すには地球の形を正確に知る必要がある。地球の形は南北にやや短い楕円形であり、扁平率を用いて表す。現在まで、表1.1のように、多くの測定結果があり、日本ではGRS-80楕円体を採用している。

表1.1 地球楕円体の種類

| 楕円体名 | 発表年 | 長半径(m) | 短半径(m) | 扁平率 |
|---|---|---|---|---|
| エベレスト | 1830 | 6377276.345 | 6356075.413 | 300.8017 |
| ベッセル | 1841 | 6377397.155 | 6356078.963 | 299.152813 |
| クラーク | 1866 | 6378206.4 | 6356583.8 | 294.978698 |
| 改訂クラーク | 1880 | 6378249.145 | 6356514.966 | 293.4663 |
| 国際基準体 | 1924 | 6378388 | 6356912 | 297.0 |
| IAU | 1964 | 6378160 | 6356775 | 298.25 |
| IAU - 64 | 1976 | 6378140 | 6356755 | 298.257 |
| GRS - 80 | 1980 | 6378137 | 6356752 | 298.257222101 |

**ポイント**
扁平率＝長半径／（長半径－短半径）

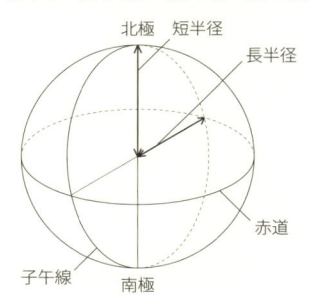

#### (2) 緯度・経度

地球上の位置を地球の中心と法線との成す角度で示したものが緯度・経度である。地球の自転軸の北端である北極を＋90度、南端である南極を－90度、赤道を0度とし、赤道をはさんで北側を北緯、南側を南緯という。自転軸を中心にして地球の表面を北極から南極を結んだ弧線を子午線といい、グリニッジ天文台の標石を通る子午

線を0度（本初子午線という）とし、東側180度の範囲を東経、西側180度の範囲を西経という。

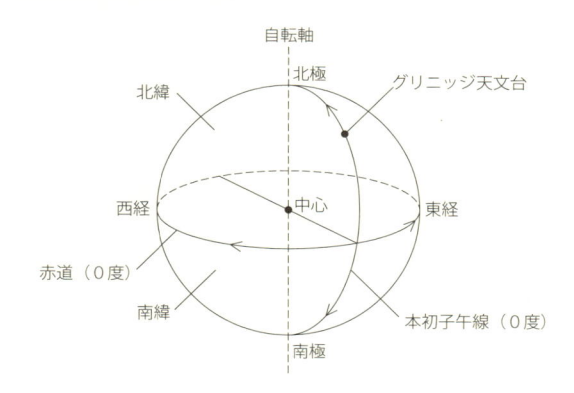

図1.16　緯度と経度の定義

## （3）地表の高さ

地球の地表面は起伏が多いため、なめらかな地表面を定めて、高さ測定の基準としている。測地学では、世界の海面の平均的な位置に最も近い「重力の等ポテンシャル面」を地表の高さとし、ジオイドという。日本では東京湾平均海面がジオイドと一致するものと考え、この面を標高の基準としている。

### 1.3.2　基準点の管理

#### （1）日本経緯度原点

日本経緯度原点は測量法施行令第2条に定めており、全国の基本三角点の経緯度はすべてこの原点の値に基づいて決定されている。

地　　点　　東京都港区麻布台2丁目18番1番地内
　　　　　　日本経緯度原点金属標の十字の交点
原点数値　　経度　　東経139度44分28.8869秒
　　　　　　緯度　　北緯　35度39分29.1572秒
　　　　　　原点方位角　32度20分46.209秒

日本経緯度原点は、花崗岩台石中央に埋設されている金属標の十字線の交点である。この場所は旧東京天文台が天体観測用の子午環を設置した位置である。

写真1.3　日本経緯度原点

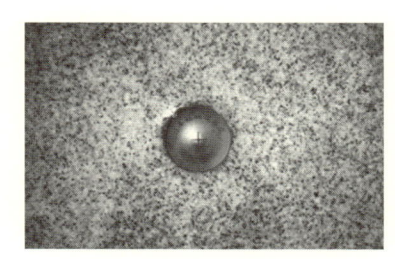

写真1.4　金属標の十字の交点

#### （2）日本水準原点

日本の水準原点は東京湾平均海水面の高さをもとに定められ、全国の水準点、三角点などの標高はすべてこれを基準にしている。

測量法施行令第2条は原点の地点および原点数値を次のように定めている。

地　　点　　東京都千代田区永田町1丁目1番地内
　　　　　　水準点標石の水晶板の零分画線の中点
原点数値　　東京湾平均海面上　　24.3900m

写真1.5　日本水準原点

水準原点は、図1.17のように地表から10m下の基礎に支持された台石に取り付けられた水晶板の零線の中心で、石造の建物の中に設置されている。水準原点の値を定期的に点検するための潮位観測は、図1.18のような構造であり、現在神奈川県三崎の油壺験潮所で行っている。

験潮所は全国に25カ所あるが、全国各地の平均海水面は東京湾と一致しない。護岸工事や港湾工事などでは現地に合った基準の水準面があったほうが便利な場合があるため、適用河川ごとに基準面を設けている。YP（利根川、江戸川）、AP（荒川、中川、多摩川）、OP（淀川）、OP（雄物川）、AP（吉野川）、KP（北上川）などがその一例である。

写真1.6　水準点標石の水晶板

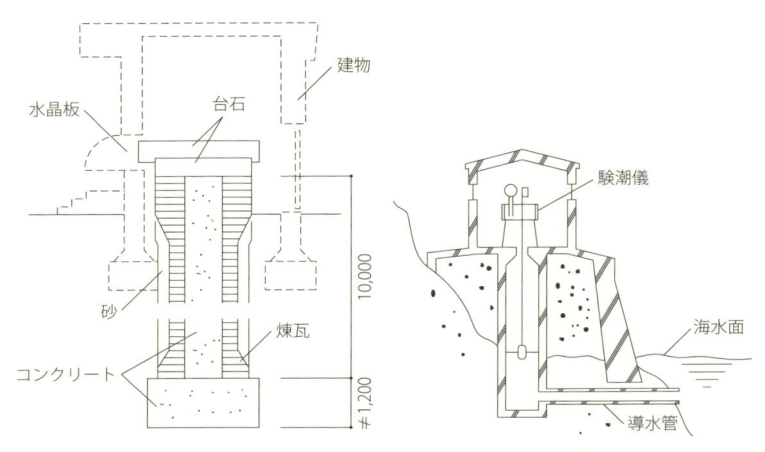

図1.17　水準原点の構造図
図1.18　験潮所の構造

### （3）三角点と水準点

日本経緯度原点、日本水準原点を測量の原点として三角点、水準点が日本全土にある。それぞれの地点には標石が設置され、測量図をつくる基準点として国土地理院が維持管理している。

①三角点

一等三角点、二等三角点、三等三角点、四等三角点が日本全土に設置され、一定の周期で測量整備が行われている。各三角点の成果表には経緯度、座標系、平面直角座標、標高、真北方向角およびこの点から他のいくつかの三角点に至る距離、方向角が示され、公共測量などにも利用されている。

写真1.7　三角点

表1.2　わが国の基準点（2012年6月現在）

| 名　称 | 設置点数 | 配点密度（平均辺長） |
|---|---|---|
| 一等三角点 | 976点 | 25kmごと |
| 二等三角点 | 5,063 | 8 |
| 三等三角点 | 32,110 | 4 |
| 四等三角点 | 70,769 | 1〜1.5 |

写真1.8　金属標の三角点

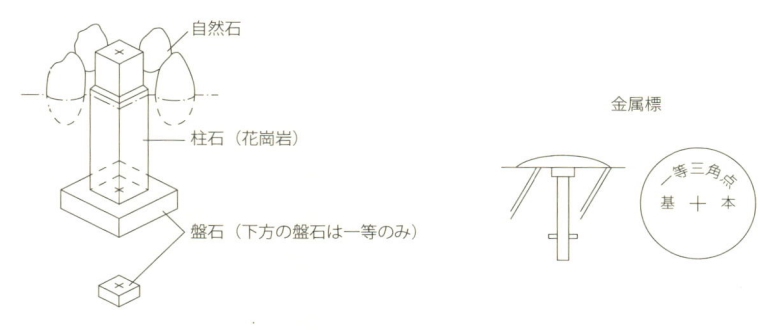

図1.19　三角点の設置

②図根点と多角点

　三角点だけではまばらすぎるため辺長500～1,000mごとに図根三角点（補助三角点）を設置する。これらをもとに道路などに沿って平均80mおきに図根多角点（補助多角点）を設け、敷地境界測量の基準としている。

③水準点

　水準点は日本水準原点を基準に、全国の主要道路（国道、県道、地方道）沿いの保全に適当な場所に設置されている。交通が頻繁で標識が壊されやすい場所では地表下に設け、蓋で覆ってある。また堅固な建造物を標識にする場合もある。古くからある水準点は花崗岩製であるが、近年埋設されているものは金属製が多い。標識上部の球形部分の上面を水準点の高さとしている。

表1.3　わが国の水準点（2012年6月現在）

| 名称 | 設置点数 | 配点密度(辺長) |
|---|---|---|
| 基準水準点 | 85点 | 100～150km |
| 一等水準点 | 14,422 | 全国主要国道県道2kmごと |
| 二等水準点 | 3,340 | 主要地方道　　　2kmごと |

④電子基準点

　GNSSによる連続観測点であり、各種測量の基準点、地震や火山および広域の地殻変動の監視のために利用されている。全国に約20km間隔で1,240点、二等水準点で789点（2012年6月現在）設置されている。

## 1.3.3 日本国土基本図

　日本国土基本図は、国の測量機関によって統一規格で体系的に広汎な目的のために作成された地図で、都市周辺は2,500分の1、そのほかの地域は5,000分の1の縮尺である。地表面を地図に表す場合、距離や角度や面積のひずみが出る。そのため、ひずみに対する補正量を±0.0001mm以下になるような範囲（原点に対し±130km以内）で地表面を分割し、平面として位置を表せるようにしたのが平面直

**ポイント**

**電子基準点の構造**：高さ5mの柱の上部にGNSS衛星からの電波を受信するアンテナと内部にデータ処理用の機器がある。基礎部には測量用の金属標がある。

角座標系である。日本国内に 19 カ所の原点が設けられ、原点を（0、0）とした XY 座標（距離）で表している。

### 1.3.4 地籍図

#### (1) 公図

現在の公図は、明治初期の地租改正の際に作成された絵図的な地租改正図（1 筆ごとの筆限図とそれをつなぎ合わせた字限図、村限図）を再測し、地押調査図として明治 20 ～ 22 年に作成されたものが基本となっており、当初は租税徴収の資料として税務署に保管（明治 22 年土地台帳法制定による）されていた。明治 25 年旧土地台帳法施行細則第 2 条「登記所には土地台帳の他に地図を備える」という規則により、税務署から登記所に土地台帳附属地図として移管されたが、昭和 35 年不動産登記法の一部改正により、旧土地台帳法が廃止され、「17 条地図（地籍測量図）」を登記所に備える旨規定され、それまでの公図は法的根拠を失った。しかしながら公図は土地の位置、形状、境界、面積などの概略を明らかにする資料として利用価値があるため、地図に準ずる図面として取り扱うようになった。

> **ポイント**
> 筆：一つの区画された土地の単位を一筆という。その土地の境界を筆界、境界を示す点を筆界点という。

> **ポイント**
> 17 条地図：平成 17 年 3 月の不動産登記法の改正により法 14 条第 1 項に規定され、14 条地図と言われるようになった。

#### (2) 地籍測量図

地籍測量図は土地の境界を所有者立会いのうえで確認し、それぞれの境界に杭を打ち、日本全国に設けられた三角点をもとに各筆を測量して作成されたものである。土地の形状、隣地との位置関係、境界標の位置、地積、地積の算出方法などが記載されている。

昭和 35 年不動産登記法の改正が行われ、登記所に備えられるようになった。

## 1.4　測量における位置の表し方

### 1.4.1 平面位置

#### (1) 水平距離と水平角

測点の位置は、水平距離と 2 辺にはさまれた水平角の測定により表すことができる。例えば、図 1.20 の測点 C を表す場合、基準点 A と点 B を直線で結び基準線を設定し、点 A からの距離 $L_1$ を測定し、基準線 $\overline{AB}$ 上に点 D を設ける。次に、直線 $\overline{DB}$ に対して角度 $\theta$ となる直線 $\overline{DC}$ を求めて、直線 $\overline{DC}$ の距離 $L_2$ を測定し、水平距離 $L_1$、$L_2$ と水平角度 $\theta$ 用いて測点 C の位置を表す。

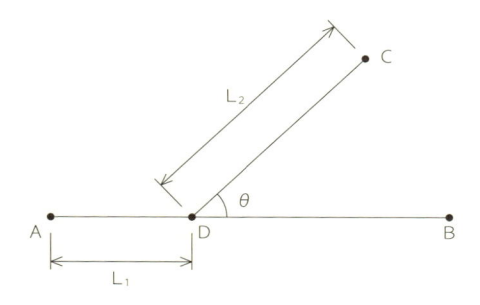

図1.20　水平距離と水平角による位置の表し方

## (2) 三角法

　測点の位置は、水平距離と水平角から成る三角形により表すことができる。例えば、図1.21の測点Cは点Aと点Bの距離Lを測定し、基準線$\overline{AB}$に対し、測定点Cの水平角$\theta_1$、$\theta_2$を求めて、三角形△ABCを用いて測点Cの位置を表す。

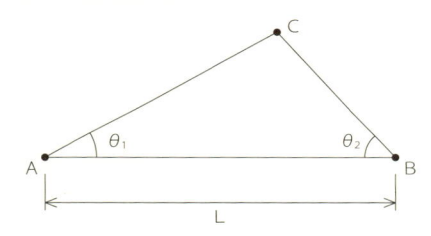

図1.21　三角法による位置の表し方

> **ポイント**
> **前方交会法**：三角法において、点Aと点Bの座標が既知であれば、点Cの座標が求められる方法である。

> **ポイント**
> **後方交会法**：前方交会法とは反対に、測定する点Cから座標が既知の点Aと点Bまでの距離と角度∠ACBを用いて点Cの座標を求める方法である。

## (3) 三辺法

　測点の位置は、水平距離から成る三角形により表すことができる。例えば、図1.22の測点Cは点Aと点Bの距離$L_1$を測定し、点Aから点Cの距離$L_2$、点Bから点Cの距離$L_3$を求めて、三角形の辺の水平距離$L_1$、$L_2$、$L_3$を用いて位置を表す。

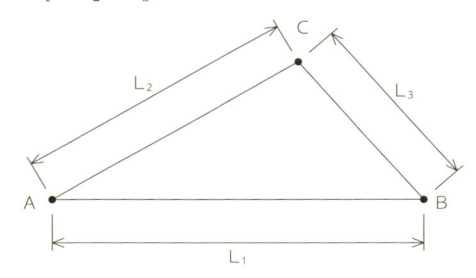

図1.22　三辺法による位置の表し方

## (4) 二次元座標

　測点の位置は、直角座標軸を有する座標系を設け、原点から測点までの水平距離と座標軸からの角度により求めた二次元座標で表すことができる。例えば、図1.23の測点Cは、水平距離$L_1$と水平角$\theta$から求めた座標$(x_1、y_1)$を用いて表す。

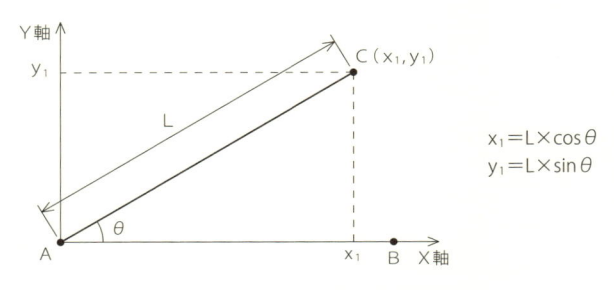

図1.23　二次元座標による位置の表し方

$x_1 = L \times \cos\theta$
$y_1 = L \times \sin\theta$

### 1.4.2 立体位置

#### （1）水平距離と高さ

　測点の位置は、直角座標系のX軸とY軸における原点から測点までの水平距離、X-Y平面から測点までの鉛直方向の高さにより求めた三次元座標で表すことができる。例えば、図1.24の測点Aは、水平距離$L_1$と$L_2$、鉛直高さhから求めた座標（$L_1$、$L_2$、h）を用いて表す。

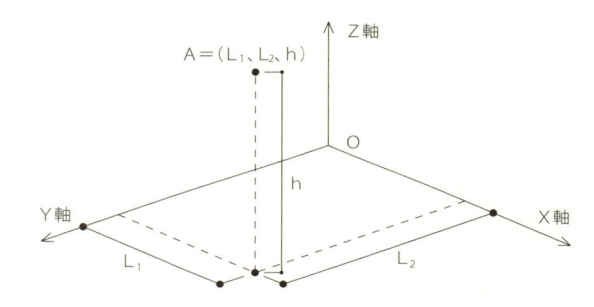

図1.24　水平距離と高さによる位置の表し方

#### （2）水平距離と水平角度と高さ

　測点の位置は、直角座標系のX-Y平面における原点から測点までの水平距離、Y軸に対する測点までの水平角度、X-Y平面から

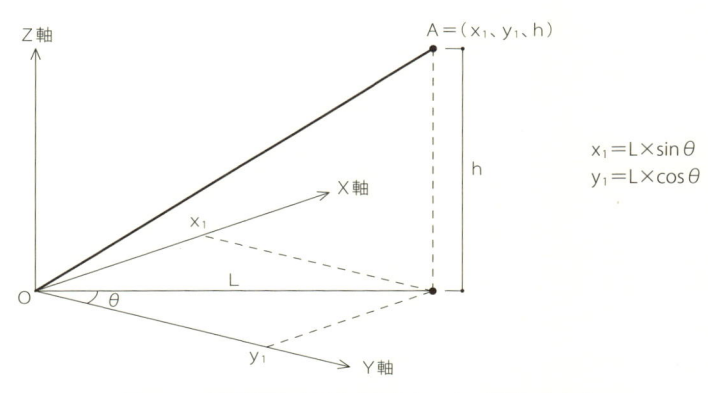

$x_1 = L \times \sin\theta$
$y_1 = L \times \cos\theta$

図1.25　水平距離と水平角度と高さによる位置の表し方

測点までの鉛直方向の高さの測定により表すことができる。例えば、図1.25の測点Aは、水平距離L、水平角度θ、鉛直高さhから求めた座標（$x_1$、$y_1$、h）を用いて表す。

### （3）水平角度と天頂角と斜距離

測点の位置は、直角座標系のX軸に対する測点までの水平角度、Z軸に対する測定点までの天頂角度、原点から測点までの斜距離の測定により表すことができる。例えば、図1.26のように、測点Aは、斜距離S、天頂角度$V_θ$、水平角度$H_θ$から求めた座標（$x_1$、$y_1$、$z_1$）を用いて表す。

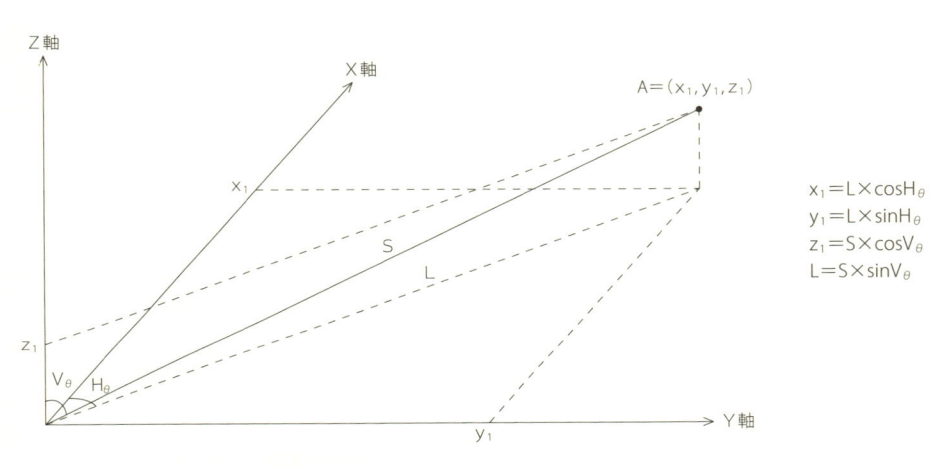

$x_1 = L × \cos H_θ$
$y_1 = L × \sin H_θ$
$z_1 = S × \cos V_θ$
$L = S × \sin V_θ$

図1.26　水平角度と天頂角と斜距離による位置の表し方

## 1.5　測量に使用する基本的な三角関数

三角関数は、三角形における角度と辺長の関係を求める場合に使われる方法である。直角三角形と一般三角形により、用いる変数が異なる。測量において最も重要なものである。

### 1.5.1　直角三角形

直角三角形では、図1.27のような角度と辺長の関係がある。

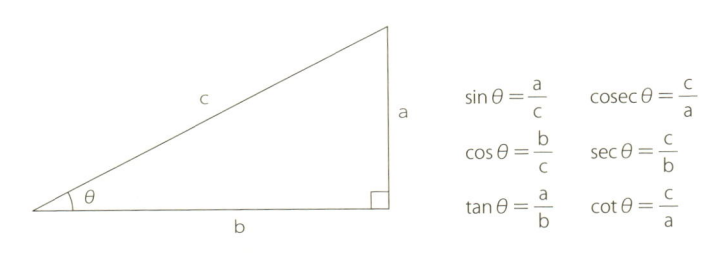

$\sin θ = \dfrac{a}{c}$　　$\text{cosec}\, θ = \dfrac{c}{a}$

$\cos θ = \dfrac{b}{c}$　　$\sec θ = \dfrac{c}{b}$

$\tan θ = \dfrac{a}{b}$　　$\cot θ = \dfrac{c}{a}$

図1.27　直角三角形における角度と辺長の関係

### 1.5.2 一般三角形

一般三角形は、図 1.28 の正弦定理と余弦定理を用いて角度と辺長の関係を求める。

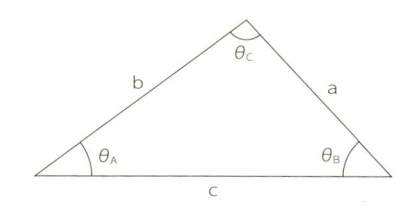

正弦定理
$$\frac{a}{\sin \theta_A} = \frac{b}{\sin \theta_B} = \frac{c}{\sin \theta_C}$$

余弦定理
$$a^2 = b^2 + c^2 - 2 \times b \times c \times \cos \theta_A$$
$$b^2 = c^2 + a^2 - 2 \times a \times c \times \cos \theta_B$$
$$c^2 = a^2 + b^2 - 2 \times a \times b \times \cos \theta_C$$

図1.28　三角形における正弦定理と余弦定理

# 2

## 距離(長さ)測量

距離の測量は、2つの測点間の距離を測るものであり、鋼製巻尺、光波距離計などを用いて行う。本章では、距離測量に使用する機器の説明とともに、鋼製巻尺と光波距離計を用いた距離の測定方法について述べる。

## 2.1 使用機器

距離測量には鋼製巻尺、光波距離計または光波距離計が内蔵されたトータルステーションが使われる。測定条件を考慮し、表2.1で示した各機器の特徴に合わせて、どの機器を使用するかを決める。

表2.1 主な距離測量用の機器の特徴

| 測定機器 | 特徴 |
| --- | --- |
| 鋼製巻尺 | ・大型部材の寸法計測に使用（5～50m）<br>・使用には検定が必要<br>・器差、張力、温度、たるみの補正が必要<br>・不整地な場所での使用時、長距離での使用時は誤差が出やすい |
| コンベックスルール | ・測定長さが10m以下の測定<br>・携帯しやすく、簡便に使える |
| 光波距離計<br>（トータルステーション） | ・測定できる距離の長い（200m程度）<br>・高低差のある場所、不整地で水平距離を求めることができる<br>・温度、気圧の補正が必要<br>・コンピューターによるデータ管理が可能<br>・トータルステーションの距離測定機能として内蔵されることが多い |

写真2.1 鋼製巻尺

写真2.2 コンベックスルール

写真2.3 光波距離計

## 2.2 巻尺による距離測定

### 2.2.1 巻尺の種類

巻尺は、その材料により鋼製巻尺と繊維系巻尺に分類できる。繊維系巻尺は張力による伸びが大く測定精度が低いため、鋼製巻尺が使用されることが多い。市販されている巻尺には、表2.2のように、

**ポイント**

鋼製巻尺とコンベックルールのJIS規格：
JIS B 7512-2005

繊維系巻尺のJIS規格：JIS B 7522-2005

表2.2 巻尺の種類ごとの長さの許容差

| 種 類 | 呼び寸法 | 長さの許容差（mm） |
| --- | --- | --- |
| 鋼製巻尺（広幅） | 5～200m<br>（5mの整数倍） | 1級 ±（0.2＋0.1L）<br>2級 ±（0.25＋0.15L） |
| コンベックスルール | 0.5～10m<br>（整数倍） | 1級 ±（0.2＋0.1L）<br>2級 ±（0.25＋0.15L） |
| 繊維系巻尺1種<br>（線目盛） | 0.5～9m<br>（または5mの整数倍） | 1級 ±（0.6＋0.4L）<br>2級 ±（1.2＋0.8L） |
| 繊維系巻尺2種<br>（境目盛） | 0.5～9m<br>（または5mの整数倍） | 1級 ±（1.2＋0.8L）<br>2級 ±（2.4＋1.5L） |

注）Lは、測定距離をメートルで表した数値であって、単位をもたない（1未満の端数は、切り上げて整数値とする）

JIS規格で定められた長さの許容差により1級と2級がある。

### 2.2.2 測定方法

巻尺を用いた測定作業では、精度が要求される場合には鋼製巻尺を選定して行う。測定作業後には、測定値の補正を行い、測定結果をまとめる。

#### (1) 鋼製巻尺の選定

① JIS（1級）の表示がある鋼製巻尺を使用する。
② JIS（1級）品であっても、複数使用する場合は、測定誤差のバラツキが同一傾向のものを使用する。現場では、同一傾向の誤差をもった検査成績書付きの巻尺をメーカーから数本購入し、そのうち1本を基準巻尺として保管する。
③ 計測距離より短い巻尺は測定誤差が累加されるため、使わない。

#### (2) 測定作業

① 温度変化が激しいときや強風時は測定誤差が出やすく、気象条件が比較的安定する早朝や夕方に測定を行うように計画をする。
② 測定時の温度は、巻尺を伸ばし外気温と同一にした後に直接に巻尺の温度を測定して求める。
③ 測定点間の直線距離が測定できるように見通し線上に巻尺を設置する。
④ 巻尺の目盛誤差を防ぐため、巻尺を数回ずらし測定する。

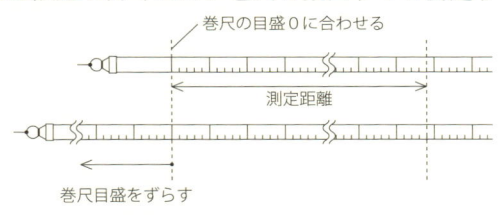

図2.1 巻尺目盛をずらした測定

⑤ 目盛の読取り係の合図を徹底し、張力をかけた巻尺の位置ずれがないよう同時に目盛を読み取る。
⑥ 個人の読取り誤差を防ぐため、読取り係を交替して測定する。

#### (3) 測定値の補正

鋼製巻尺は平坦面上において、所定の温度で、軸線方向に加えた所定の張力を標準測定条件とし、測定値がJIS規格で決められた長さの許容差内に収まるように製作されている。したがって上記の標準測定条件以外で測定を行った場合は、測定値の補正を行う。補正には、定数補正、温度補正、張力補正、たるみ補正の4つの項目がある。

① 定数補正

個々の巻尺がもつ製造時の誤差を補正する。標準測定条件での測定値と正しい長さとの差を補正の定数として使用する。定数補正値の計算方法を式2.1に示す。補正の定数は、下記の書類で確認する

ことができる。
a）比較検査成績表（巻尺メーカーの製品管理用基準巻尺との比較検査）
b）検査証明書（（社）日本測量協会での発行）
c）比較検査証明書（計量研究所での発行）
d）計量法に基づく検査合格印（検定所で比較検定により発行）

$$C_0 = L \times \frac{\Delta L}{L_a} \quad \cdots\cdots\cdots \quad 式 2.1$$

L　：測定値（m）
$C_0$：定数補正値（m）
$L_a$：使用する巻尺の全長（m）
$\Delta L$：使用する巻尺の補正の定数（m）

**計算例**

定数が＋5.2mmの50m巻尺で、測定値が30mの場合の定数補正値は？

$$30 \times \frac{0.0052}{50} = 0.00312 \text{（m）}$$

定数補正値：0.0031m（小数点第5位以下を切捨て）

②温度補正

鋼製巻尺は温度の変化によって伸縮するため、標準測定条件での温度と測定時の温度が異なる場合は温度補正を行う。温度補正値の計算方法を式2.2に示す。

$$C_t = a \times L \times (T - T_0) \quad \cdots\cdots\cdots \quad 式 2.2$$

L　：測定値（m）
$C_t$：温度補正値（m）
$a$　：線膨張係数（1/℃）
T　：測定時の温度（℃）
$T_0$：標準測定条件での温度（℃）

**計算例**

測定時の温度が30℃、測定値が30mの場合の温度補正値は？
（線膨張係数は$11.5 \times 10^{-6}$/℃、標準測定条件での温度は20℃）

$$11.5 \times 10^{-6} \times 30 \times (30 - 20) = 0.00345 \text{（m）}$$

温度補正値：0.0034m（小数点第5位以下を切捨て）

③張力補正

　鋼製巻尺に張力を加えると応力に比例してひずみが生じ伸縮するため、標準測定条件の張力と測定時の張力が異なる場合には張力補正を行う。張力補正値を用いた補正を式2.3に示す。

$$C_p = L \times \frac{(P - P_0)}{A \times E} \quad \cdots\cdots\cdots \text{式2.3}$$

　L：測定値（m）
　$C_p$：張力補正値（m）
　P：測定時の張力（N）
　A：巻尺の断面積（mm²）
　$P_0$：標準測定条件での張力（N）
　E：ヤング率（N/mm²）

> **計算例**
>
> 測定時の張力が30N、測定値が30mの場合の張力補正値は？
> （巻尺の断面積は2.8mm²、ヤング率は$20.68 \times 10^4$ N/mm²、標準測定条件での張力は20N）
>
> $$30 \times \frac{(30 - 20)}{2.8 \times 20.68 \times 10^4} = 0.000518 \text{ (m)}$$
>
> 張力補正値：0.0005m（小数点第5位以下を切捨て）

④たるみ補正

　鋼製巻尺を両端で支持、空中に吊した状態にすると鋼製巻尺の自重でたるみが生じ、実際の水平距離より長く計測される。たるみ補正値の計算方法を式2.4に示す。

$$C_s = -\frac{(m \times g)^2 \times L^3}{24 \times P^2} \quad \cdots\cdots\cdots \text{式2.4}$$

　L：測定値（m）
　$C_s$：たるみ補正値（m）
　m：巻尺の単位長さ当たりの重量（kg/m）
　g：重力加速度（N/kg）
　P：測定時の張力（N）

**ポイント**
たるみ補正における式はカテナリー曲線式からの近似値である。

> **計算例**
>
> 測定時の張力が30N、測定値が30mの場合のたるみ補正値は？（巻尺の単位長さ当たりの重量は $21.8 \times 10^{-3}$ kg/m）
>
> $$-\frac{(21.8 \times 10^{-3} \times 9.8)^2 \times 30^3}{24 \times 30^2} = -0.057053 \text{ (m)}$$
>
> たるみ補正値：－0.0570m（小数点第5位以下を切捨て）

⑤補正後の測定距離の算出

各補正値を式2.5のように測定値に足して、補正後の測定距離を求める。

$$L_0 = L + C_0 + C_t + C_p + C_s \quad \cdots\cdots \quad 式2.5$$

 $L_0$：補正後の測定値（m）
 $L$：測定値（m）
 $C_0$：定数補正値（m）
 $C_t$：温度補正値（m）
 $C_p$：張力補正値（m）
 $C_s$：たるみ補正値（m）

> **計算例**
>
> 定数が＋5.2mmの50m巻尺で、測定時の張力が30N、温度が30℃、測定値が30mの場合の補正後の測定距離は？
> （線膨張係数は $11.5 \times 10^{-6}$/℃、断面積は2.8mm²、ヤング率は $20.68 \times 10^4$ N/mm²、巻尺の単位長さ当たりの重量は $21.8 \times 10^{-3}$ kg/m）
>
> 30 ＋ 0.0031 ＋ 0.0034 ＋ 0.0005 － 0.0570 ＝ 29.9500（m）
> 測定距離：29.9500m

## 2.3　光波距離計による距離測定

### 2.3.1 光波距離計

**(1) 測定原理**

発生源から照射されたレーザー光が測点に反射し、発生源に到達した時間を測ることで、発生源から測点までの距離を理論的に算出することができる。しかし、光の速度（およそ $3 \times 10^8$ m/sec）は非常に速く、その時間を精密に計測することは不可能に近い。その

**キーワード**

**位相差**：周期運動する波動の当初の位置と時間経過後の位置との差であり、角度で表す。

ため、一般にレーザー光が 2 点間を往復したときに生じる位相差を
計測して距離を計測する方式を採用している。

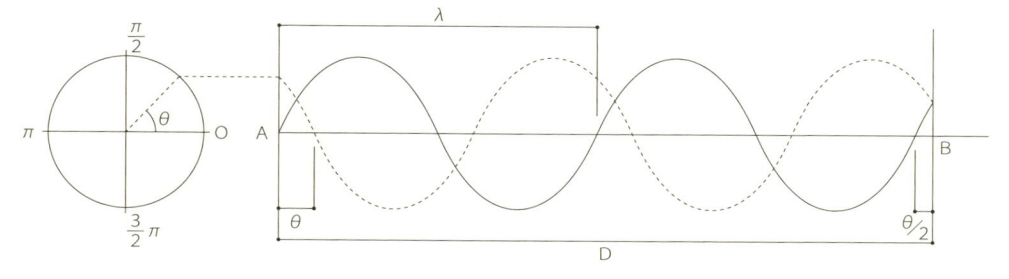

図2.2　レーザー光の反射と距離の関係

例えば、図 2.2 のように、A 点から発射したレーザー光が B 点に
反射して A 点にもどってきたとき、1 波長の波が N 個と 1 波長に
満たない端数が $\theta/2\pi$ 含まれるとすると式 2.6 が得られる。この
結果、光の波長の 1/2 までの距離が求められることがわかる。

$$2D = \lambda \times N + \lambda \times \frac{\theta}{2\pi} \quad \cdots\cdots\cdots \quad 式 2.6$$

$$D = \frac{\lambda \times N}{2} + \lambda \times \frac{\theta}{4\pi}$$

　　D：2 点間の距離
　　$\lambda$：光の波長
　　N：整数（往復距離の中に 1 波長の波が N 個）
　　$\theta$：光の位相差

### (2) 基本構造

光波距離計は、レーザー光を発光させる送光部、反射されたレー
ザー光を受光し信号変換する受光部、受光した光の位相差を検出し
距離を計算する計算制御部、距離の計算結果を表示する表示部など
で構成されている。

### (3) 種類と測定精度

光波距離計には距離測定専用の専用型、セオドライトなどに搭載
する搭載型、セオドライトなどの器械と一体になった一体型の 3 つ
のタイプがある。

#### ①専用型

整準台に載せる専用架台を用いて距離測定を行う。

#### ②搭載型

セオドライトの望遠鏡に直接取り付けて距離と角度を同時に測定
する方式と、セオドライトの柱上に載せてセオドライトと光波距離
計を別々に視準し距離と角度を測定する方式がある。

#### ③一体型

光波による測距機能と角度測定機能が一体となって測定する方式

> **ポイント**
> 一体型はトータルステーションが代表的なものである。

である。

④測定精度

　光波距離計の測定精度は、距離に関係しない固定的誤差と距離に関係する誤差で構成される。一般に機器の測定精度は式2.7のように表示される。

　　精度＝±（A＋Bppm・D）　………　式2.7
　　　A：距離に関係しない固定的誤差
　　　B：距離に関係する誤差（周波数などの誤差）
　　　D：測定距離（単位mm）
　　　1ppm：1mm/1km＝$10^{-6}$（100万分の1）

> **ポイント**
> 光波距離計の分解能：測定できる最小単位の長さであり、光の波長と電気回路の能力に依存する。

　例えば、±（5＋3ppm・D）mmと表示されている光波距離計で1kmの距離測定を行う場合の測定精度は、
　　±（5＋3×1,000×$10^3$×$10^{-6}$）＝±8mmとなる。
　市販されている1級トータルステーション（一体型）のプリズムモードの測距精度は（1.5＋2ppm・D）mm程度である。

### （4）測定値の補正

　レーザー光の速度は気温と気圧によって変化する。気圧が低くなると速度が速くなり、温度が上昇すると速度は速くなる。一般的な光波距離計には気象補正計算機能があり、測定時の気温と気圧を入力することによって内部で自動的に気象補正計算を行い、補正後の距離を表示する。

　気温と気圧の補正は、式2.8を用いて行う。

　　$D = D_s \times (1 + K)$　………　式2.8
　　　D：真の距離
　　　$D_s$：補正前の測定距離
　　　K：補正係数（ppm）

補正係数は使用する器械により異なり、例えばS社の光波距離計は次の式で求められる。

$$K（ppm）= 278.96 - \frac{0.2904 \times P}{(1 + 0.003661 \times T)}$$

　　　P：気圧（hPa）
　　　T：気温（℃）
　　　1ppm：1mm/1km＝$10^{-6}$（100万分の1）

### （5）設置

　光波距離計は三脚にセットし、本体が水平かつ中心が測点上になるように調整して設置する。設置精度は測定精度に影響するため、慎重に行う必要がある。

### 2.4.2 反射プリズム

#### (1) 役割

反射プリズムは測定点に設置し、光波距離計から照射されたレーザー光を正確に反射させる役割をもつ装置である。その断面は、図2.3のように、直角三角形であり、入射したレーザー光が平行に反射される。

> **キーワード**
>
> **反射プリズムの傾き**：光波距離計に正対した状態で測定するのが理想的であるが、遠距離では20°、近距離では40°まで傾いても測定可能である。

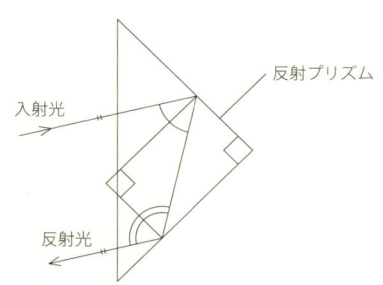

図2.3　反射プリズムの断面構造

#### (2) プリズム定数

レーザー光が反射プリズムのガラスの中を通過するときの速度は、空気中よりも屈折率分だけ遅くなる。そのため、光波距離計は実際の距離よりも長い距離となる。これを補正するための定数がプリズム定数であり、式2.9で求めることができる。

$$P = -\{H \times (n - 1) - d\} \quad \cdots\cdots\cdots \text{式2.9}$$

　　P：プリズム定数
　　H：プリズムの高さ
　　d：プリズムの頂点から回転中心までの距離
　　n：プリズムの屈折率

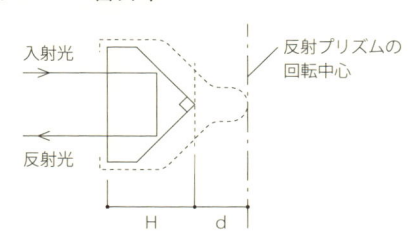

図2.4　反射プリズムの入射光と反射光

#### (3) 種類

反射プリズム1つを1素子といい、プリズムホルダーに必要数の反射プリズムを固定したユニット型、ポールに簡易に取り付けるピンポール型、測定面に直接張り付けるシート型がある。光波距離計から照射されたレーザー光は、遠距離になるに従って拡散するため反射プリズムから返ってくる光の量が減る。そのため長距離の測定では、口径が大きい反射プリズムや複数の反射プリズムを使う。

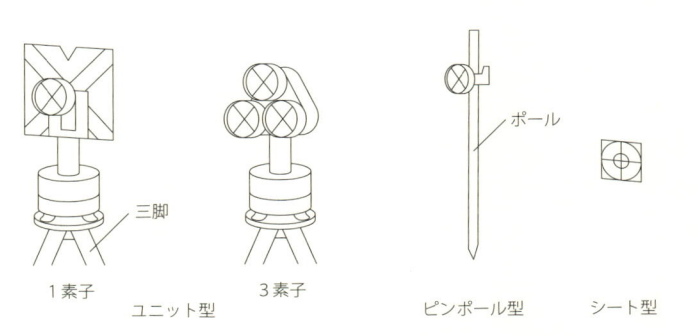

図2.5　反射プリズムの種類

写真2.4　反射プリズム・ユニット型

写真2.5　反射プリズム・ピンポール型

## (4) 設置

　ユニット型は、整準台がセットされた三脚に固定し、水平かつ中心が測点上になるように調整して設置する。ピンポール型は、ポールを手に持ち、反射プリズムに付いている円形気泡管を利用してポールが垂直になるように保持して設置する。

# 3

# 水準(高さ)測量

水準の測量は、基準となる点に対して測点の高低差を測るものであり、レベル、水準器などを用いて行う。本章では、水準測量に用いる各種レベルの説明とともに、その測定方法および測定誤差について述べる。

## 3.1　使用機器

水準測量に使用する専用機器としてはレベルがあり、水平決めに使用する水準器や水盛管がある。レベルには、望遠鏡を水平に視準することによって水平位置や高さを測定する光学式レベルと、レーザー光を水平に照射して水平位置を測るレーザー式レベルがある。光学式レベルは、望遠鏡を水平に調整する方式によってティルティングレベルと自動レベルに分類できる。また、自動レベルのうちでも標尺の目盛を自動的に読み取るものを電子レベルと呼ぶ。

写真3.1　ティルティングレベル

### 3.1.1 ティルティングレベル

ティルティングねじを使って、高感度の気泡管を微調整し、望遠鏡の視準線を正確に水平にするレベルである。

### 3.1.2 自動レベル

機器の内部に視準線の自動補正装置があり、補正範囲内であれば、水平に視準できるように視準線の傾きを自動的に調整するレベルである。取扱いが簡単で、計測作業が迅速にできるため、水準測量に最も多く使われている。

写真3.2　自動レベル

### 3.1.3 電子レベル

自動レベルの内部にカメラを設け、高さを表す特殊なバーコードが印刷された標尺を読み取ることで、自動的に測点の高さを計算することができるレベルである。望遠鏡を覗いて人が標尺の目盛を読み取るレベルと比較して、測量時間の短縮と目盛の読取りミスを減らすことができる。

写真3.3　電子レベル

### 3.1.4 レーザー式レベル

レーザー光を水平の360度方向に照射する水平レーザー照射装置と、照射されたレーザー光線を受光する受信装置によって構成される。レーザー光が受信される範囲の高さに受信装置の位置を合わせることで、受信装置の位置の高さを測ることができるレベルである。短時間で複数の箇所の測定が可能であり、望遠鏡を覗く必要がないため、測量作業の効率を上げることができる。

### 3.1.5 水準器

気泡管が取り込まれた定規であり、気泡管の気泡を目視で確認し

写真3.4　レーザー式レベル

ながら定規の水平を調整するものである。精度は低いが、物の水平測定に簡易に使用できる。

### 3.1.6 水盛管

透明なビニールホースに水を入れ、両端にガラス管などを取り付けたものであり、ビニールホース内の水面の高さの同一性を利用して水平を求める。精度は低いが、狭い範囲の水平位置の測定に簡易に使用できる。

写真3.5　水準器

## 3.2　レベルによる水準測量

### 3.2.1 レベルの構造

レベルの基本構造は望遠鏡、気泡管、鉛直軸および整準装置であり、視準線を水平に微調整するための構造として、ティルティングねじや自動補正装置が使用される。

**(1) 基本構造**

①望遠鏡

標尺の目盛を正確に読み取るためのものであり、対物レンズと接眼レンズで構成される。望遠鏡で標尺を視準すると視野に十字線があり、その横線が水平を測るための基準として使われる。

**ポイント**
焦点板：対物レンズの焦点面に置かれたガラス板で十字線が描かれている。

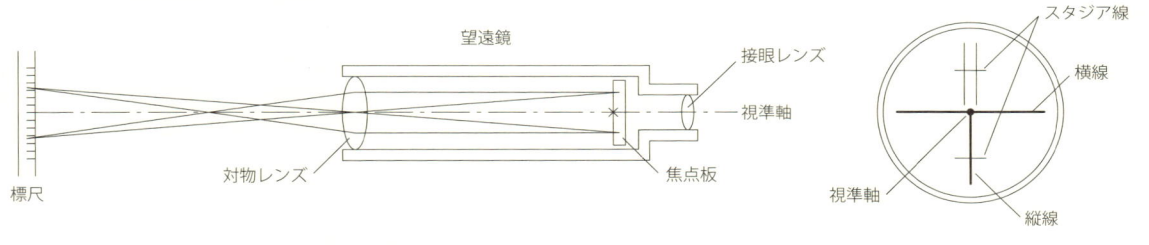

図3.1　望遠鏡の構造

②気泡管

気泡管はガラス管を一定の半径に加工し、内部にアルコールまたはエーテルを1個の小気泡を残して密閉したものであり、円形気泡

**ポイント**
一般的に円形気泡管に比べて円筒形気泡管の傾きを示す感度が高い。

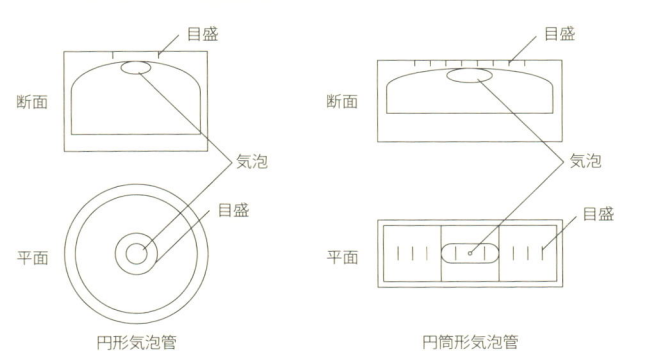

図3.2　気泡管の構造

管と円筒形気泡管がある。気泡管を水平にすると管の最高部、すなわち中央部に気泡がくるため、気泡の位置で気泡管の傾きを確認することができる。

③鉛直軸

望遠鏡を水平回転させるための軸であり、視準軸と直角になることで水平に設定された望遠鏡がどの方向を向いても、視準線は同じ水平の高さになる。

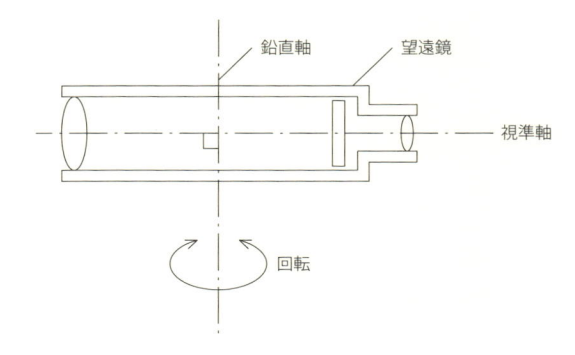

図3.3　鉛直軸の構造

④整準装置

望遠鏡を固定する整準台と整準台を上下に動かすための3つの整準ねじで構成される。整準台には円形気泡管が取り付けられ、気泡管を見ながら整準ねじを回して整準台を水平に調整する。

(2) ティルティングねじ

整準ねじによる整準台をほぼ水平にし、望遠鏡を視準した後に、視準軸の水平精度を上げるために使用するものである。望遠鏡のみを上下に微傾斜させることで望遠鏡の視準軸を水平に調整できる構造になっている。感度の高い円筒形気泡管が望遠鏡に視準軸と平行に取り付けられ、プリズムを使ってこの気泡管の両端の合致像を望遠鏡の中の気泡管合致観測窓で見ながら調整を行う。

**ポイント**
ティルティングねじは傾斜微動ねじともいう。

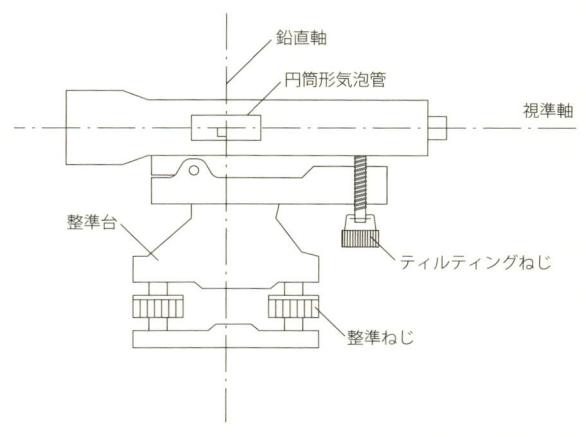

図3.4　ティルティングねじの構造

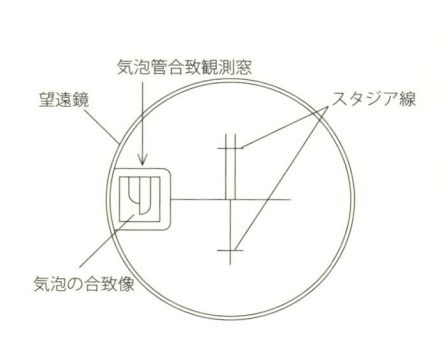

3 水準（高さ）測量

## (3) 自動補正装置

　自動レベルは、整準ねじを使って望遠鏡をほぼ水平に調整すると、望遠鏡内に組み込まれた自動補正装置により、視準軸が自動的に水平になるものである。自動補正装置は、視準軸の傾きが有効範囲内であれば、望遠鏡内に金属線で吊り下げられて常時鉛直を保つことができる反射鏡とプリズムで構成されている。視準軸が傾いても光が鉛直の反射鏡またはプリズムを通ることで、視準軸の傾きを補正する。ティルティングレベルに比べて、取扱いが簡単で作業も迅速に行える。

> **ポイント**
> 自動レベルにおいて自動補正装置が正常であるかは、有効範囲内で整準ねじを回転させながら目盛が同じ位置になるかを視準することで確認することができる。

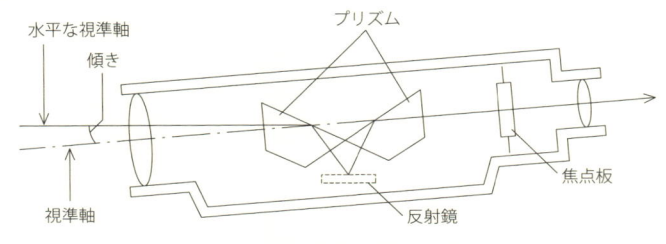

図3.5　自動補正装置の構造

## (4) 水平レーザー装置

　鉛直軸に対して全周囲にレーザー光を一定の高さに照射する照射装置と照射されたレーザー光を検知する受光装置で構成される。
　照射装置は、レーザーダイオードから鉛直方向に送られたレーザー光を、モーターの上に取り付けられたペンタプリズムおよびクサビガラスにより、直角方向に回転照射する。本体には自動補正装置が組み込まれており、自動的にレーザー光は水平に保つことができる。

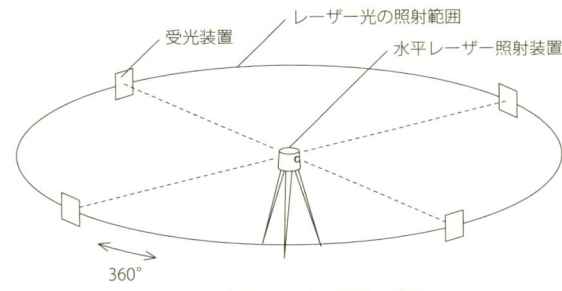

図3.6　水平レーザー装置の構造

写真3.6　受光装置

　受光装置は水平レーザー光が照射される高さを測定する装置である。中央位置に面して2つの受光ダイオードが上下に配置された部位を照射装置に向けて、そこに投影されるレーザー光の光量差を計算する。その結果から、水平レーザー光が発光ダイオードのどの位置にあるかを把握し、水平レーザー光の高さに対する受光装置の高さ位置を求める。

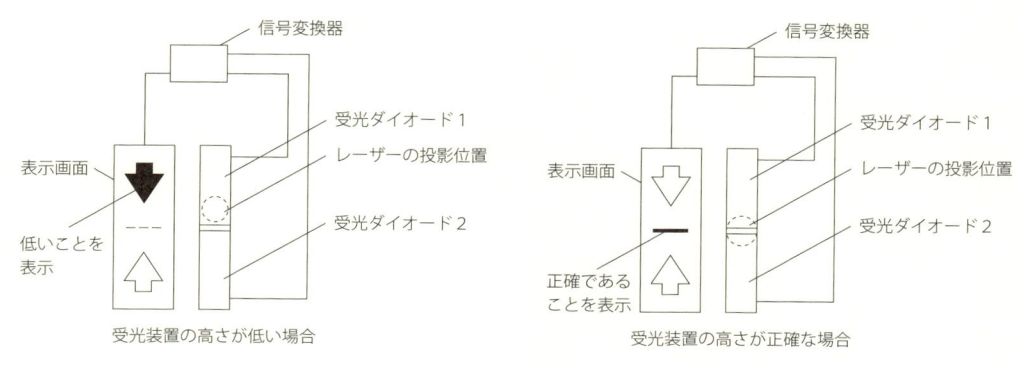

図3.7　受光装置の高さの測定原理

### 3.2.2 測定方法

**(1) 設置**

　足元がしっかりした場所に、脚頭がほぼ水平になるように三脚を設置し、レベルを脚頭に載せ、定心桿を締め付けて三脚とレベルを固定する。次に円形気泡管の気泡が気泡管の中央になるよう、整準ねじを回して調整する。ティルティングレベルの場合は、測点を視準した後、ティルティングねじを用いて円筒形気泡管を合致させる。

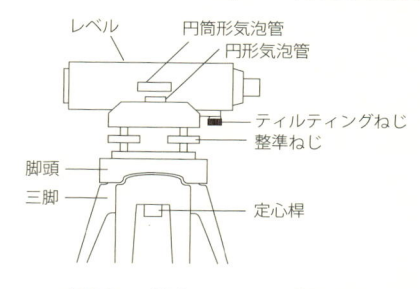

図3.8　三脚上のレベルの設置状況

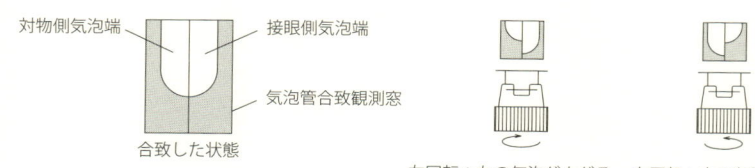

図3.9　ティルティングねじの回転と気泡の動き

**(2) 直接視準が可能な2点間の高低差の測定**

　水準測量において最も基本となる方法であり、基準面に対する高さと2点の高低差を測定する。

　まず、基準面からの高さがわかっている既知点Aと高さを測定しようとする未知点Bを結ぶ直線上のほぼ中間の位置にレベルを設置する。次に、既知点Aと未知点Bに標尺を立て、それぞれの目盛 $H_A$ と $H_B$ を読む。最後に、未知点Bの基準面からの高さを式3.1、高低差を式3.2を用いて求める。

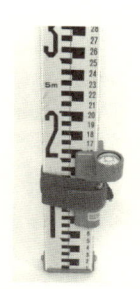

写真3.7　標尺と気泡管

点Bの基準面からの高さ　　$h_B = h_A + (H_A - H_B)$ ...... 式3.1
点Aと点Bの高低差　　　　$h_B - h_A = H_A - H_B$ ...... 式3.2

**ポイント**
標尺には気泡管を取り付け、鉛直であることを確認して目盛を読む。

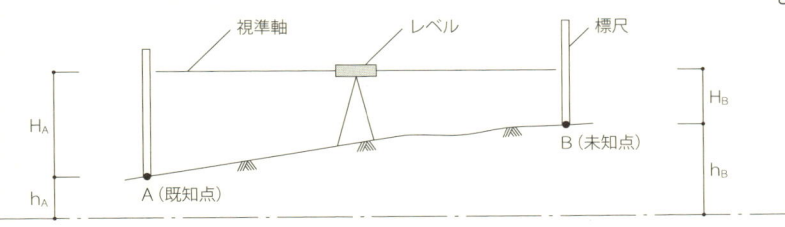

図3.10　直接視準が可能な2点間の高低差の測定

### (3) 直接視準が不可能な2点間の高低差の測定

既知点と未知点の間に起伏が大きい、測定距離が長い、平面的に見通しが悪いなどの場合は、レベルを移動しながら測定を行う。まず、平面において既知点Aと未知点Bの位置を確認し、盛替点B・C・Dの位置を決める。次に、既知点Aと盛替点Bを結ぶ直線上のほぼ中間の位置にレベルを設置して、既知点Aと盛替点Bに標尺を立て目盛 $H_{AB}$ と $H_{BF}$ を読む。以上の測定を既知点Eまでに繰り返し行い、その結果を表3.1のようにまとめて、基準面からの高さを求める。また、既知点Aと未知点Eの高低差を式3.3を用いて求めることができる。

写真3.8　標尺台

**ポイント**
**標尺台**：標尺の底面の穴に入るピンが設けられた台であり、盛替盤において標尺を回転しても位置がずれないようにするために使用する。

点Aと点Eの高低差 $h_E - h_A$
$= (H_{AB} + H_{BB} + H_{CB} + H_{DB}) - (H_{BF} + H_{CF} + H_{DF} + H_{EF})$
　　　　　　　　　　　　　　　　　　　　　　　　　……… 式3.3

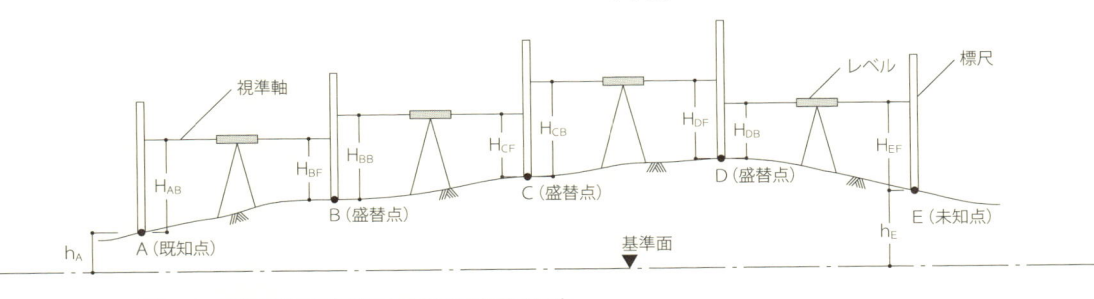

図3.11　直接視準が不可能な2点間の高低差の測定

表3.1　測定結果による基準面からの高さの算出

| 測点 | 後視 (BS) | 前視 (FS) | 基準面からの高さ |
|---|---|---|---|
| A | $H_{AB}$ | | $h_A$ |
| B | $H_{BB}$ | $H_{BF}$ | $h_A + (H_{AB} - H_{BF})$ |
| C | $H_{CB}$ | $H_{CF}$ | $h_A + \{(H_{AB} + H_{BB}) - (H_{BF} + H_{CF})\}$ |
| D | $H_{DB}$ | $H_{DF}$ | $h_A + \{(H_{AB} + H_{BB} + H_{CB}) - (H_{BF} + H_{CF} + H_{DF})\}$ |
| E | | $H_{EF}$ | $h_A + \{(H_{AB} + H_{BB} + H_{CB} + H_{DB}) - (H_{BF} + H_{CF} + H_{DF} + H_{EF})\}$ |

**ポイント**
**後視 (BS) と前視 (FS)**：レベル測量時、進行方向にある視準を前視 (Fore sight) といい、高さは未知である。反対側の視準を後視 (Back sight) といい、高さは既知である。
$H_{AB}$ とはレベルから点Aを後視したことを意味し、$H_{BF}$ とはレベルから点Bを前視したことを意味する。

## （4）直接視準が可能な複数点間の高低差の測定

　基準面に対する複数点の高さを測定する。まず、既知点 A と未知点 B・C・D が同時に視準できる位置にレベルを設置し、既知点 A に標尺を立て目盛 $H_{AB}$ を読む。次に、未知点 B・C・D に標尺を立て目盛 $H_{BF}$、$H_{CF}$、$H_{DF}$ を読む。測定結果を表 3.2 のようにまとめ、基準面からの高さを求める。

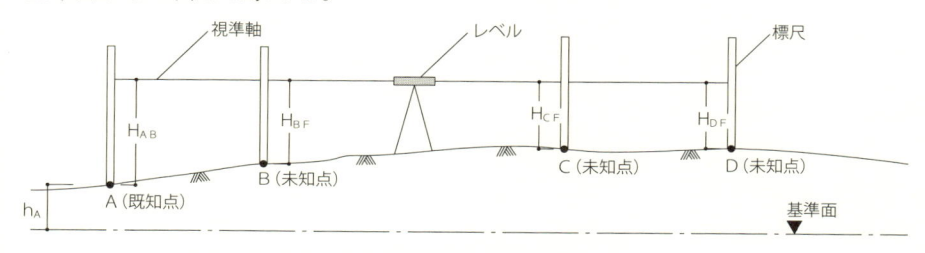

図3.12　直接視準が可能な複数点の高さの測定

表3.2　測定結果による基準面からの高さの算出

| 測点 | 後視（BS） | 前視（FS） | 基準面からの高さ |
|---|---|---|---|
| A | $H_{AB}$ | | $h_A$ |
| B | | $H_{BF}$ | $h_A+(H_{AB}-H_{BF})$ |
| C | | $H_{CF}$ | $h_A+(H_{AB}-H_{CF})$ |
| D | | $H_{DF}$ | $h_A+(H_{AB}-H_{DF})$ |

## （5）直接視準が不可能な複数点間の高低差の測定

　測定する複数点を同時に視準できない場合は、レベルを移動しながら測定を行う。まず、平面において、既知点 A と未知点 B・D・E・F の位置を確認し、レベルの移動前と移動後の両方で視準できる盛替点 C を決める。既知点 A と未知点 B、盛替点 C がすべて視準できる位置にレベルを設置し、各点に標尺を立て $H_{AB}$ と $H_{BF}$ と $H_{CF}$ を読む。最後に、盛替点 C と未知点 D・E・F がすべて視準できる位置にレベルを移動して、各点に標尺を立て $H_{CB}$、$H_{DF}$、$H_{EF}$、$H_{FF}$ の目盛を読む。測定結果を表 3.3 のようにまとめ、基準面からの高さを求める。

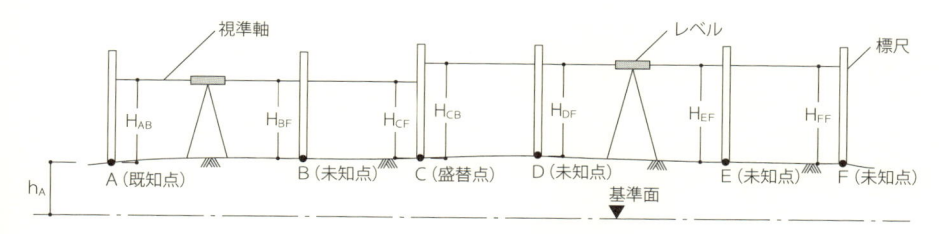

図3.13　直接視準が不可能な複数点の高さの測定

表3.3　測定結果による基準面からの高さの算出

| 測点 | 後視（BS） | 前視（FS） | 前視（FS） | 基準面からの高さ |
|---|---|---|---|---|
| A | $H_{AB}$ | | | $h_A$ |
| B | | $H_{BF}$ | | $h_A + (H_{AB} - H_{BF})$ |
| C | $H_{CB}$ | | $H_{CF}$ | $h_A + (H_{AB} - H_{CF})$ |
| D | | $H_{DF}$ | | $h_A + (H_{AB} + H_{CB}) - (H_{CF} + H_{DF})$ |
| E | | $H_{EF}$ | | $h_A + (H_{AB} + H_{CB}) - (H_{CF} + H_{EF})$ |
| F | | $H_{FF}$ | | $h_A + (H_{AB} + H_{CB}) - (H_{CF} + H_{FF})$ |

### 3.2.3 測定誤差

#### （1）気泡管の感度

　気泡管の感度は、レベルの傾きに対して気泡が反応する度合いであり、気泡の移動距離と傾斜角との比で表される。したがって、気泡管の曲率半径が大きいほど気泡管の感度が高く、レベルの測定精度は高いといえる。

　気泡管の曲率半径と傾斜角に対する移動距離は式3.4の関係がある。

$$S = r \times \theta \times \frac{\pi}{180 \times 60 \times 60} \quad \cdots\cdots\cdots 式3.4$$

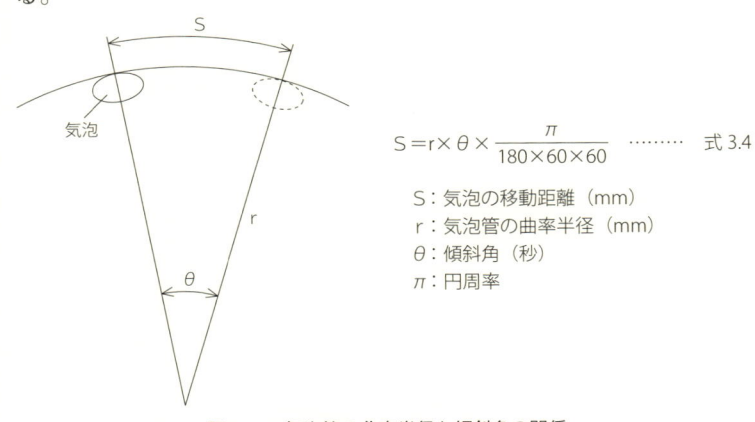

　　$S$：気泡の移動距離（mm）
　　$r$：気泡管の曲率半径（mm）
　　$\theta$：傾斜角（秒）
　　$\pi$：円周率

図3.14　気泡管の曲率半径と傾斜角の関係

　使用する気泡管の感度を確認する手順として、図3.15のようにレベルから水平距離を測定した位置に標尺を水平に設置し、標尺の高さを測定する。次にレベルを少し傾けて、気泡の移動距離S、標尺の高さhを測定する。測定結果から傾斜角を求めて、気泡管の感度を確認することができる。

$$r = S \times \frac{D}{h}$$

$$\theta = \frac{S}{r} \times \frac{180 \times 60 \times 60}{\pi}$$

$$B = \frac{\theta}{S}$$

r：気泡管の曲率半径
$\theta$：気泡の傾斜角（秒）
B：気泡管感度
D：標尺までの水平距離
S：気泡の移動距離
h：目盛の測定値の差

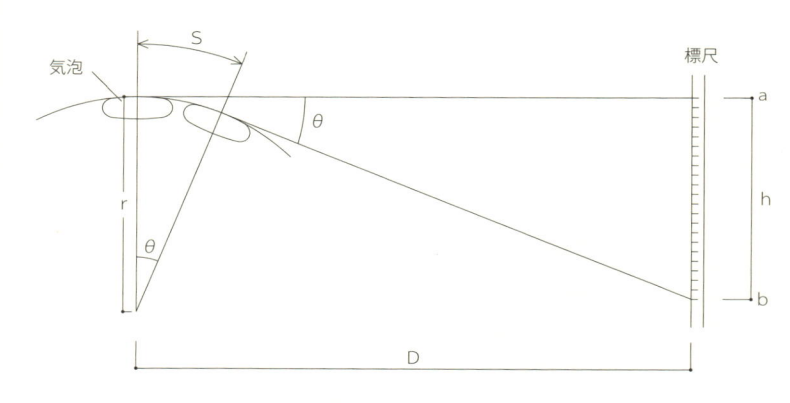

図3.15　気泡管の感度の確認方法

**計算例**

気泡管感度 20″/2mm のレベルを使って 50m 離れた位置を視準する。気泡管の気泡を視準点に向かって 2mm 移動させると、50m 先で高さはどのくらいずれるか。

$$曲率半径\ r = \frac{2}{\left(\frac{20}{60 \times 60}\right)} \times \frac{180}{\pi} = \frac{2}{0.0056} \times \frac{180}{\pi}$$

$$= 20{,}625\,\text{mm}$$

$$高さのずれ\ h = \frac{S}{r} \times D = \frac{2}{20{,}625} \times 50 \times 10^3$$

$$= 4.8\,\text{mm}$$

## （2）機器誤差の点検

機器の不具合などにより気泡管と望遠鏡の視準軸がずれた場合、測定誤差が生じるため、測定前に機器の点検を行う必要がある。点検の手順を以下に示す。

手順1）50～60m 離れた点 A、点 B にそれぞれ標尺を立てる
手順2）点 A、点 B の直線上のほぼ中間にレベルを設置する
手順3）点 A の標尺の目盛 $H_{A1}$、点 B の標尺の目盛 $H_{B1}$ を読む
手順4）標尺をそのままの状態にして、レベルを点 A から 2m 程度離れた位置に設置する
手順5）再び点 A の標尺の目盛 $H_{A2}$、点 B の標尺の目盛 $H_{B2}$ を読む
手順6）$(H_{A1} - H_{B1})$ および $(H_{A2} - H_{B2})$ の差を計算する
手順7）計算結果、その差が機器の許容範囲内であれば正常とする

**ポイント**

気泡管と望遠鏡の視準軸のずれの許容範囲。例えば 50m 先で 2.5mm（10″）以内。

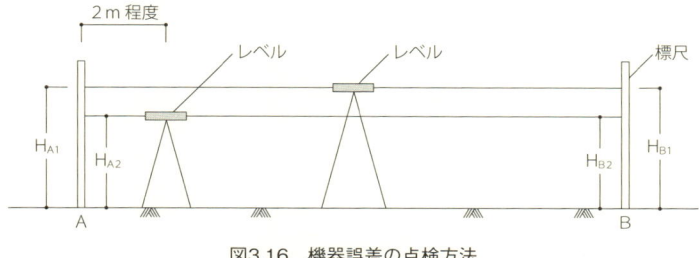

図3.16　機器誤差の点検方法

## （3）測定誤差と低減方法
### ①気泡管軸と視準軸のずれによる誤差
望遠鏡の気泡管軸に対して視準軸が平行でないために生じる誤差は、2点間の視準距離を等しくすることで、誤差が同じくなり、誤差が消去できる。

点A、点Bの高低差＝$(H_A + e_A) - (H_B + e_B) = H_A - H_B$

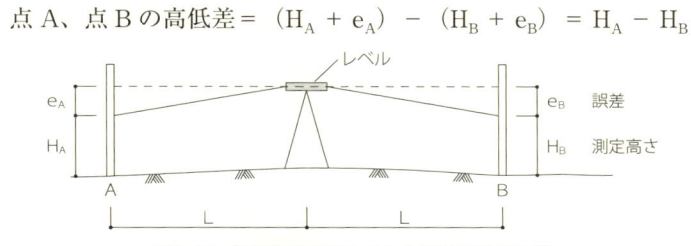

図3.17　視準距離を等しくした誤差の消去方法

### ②標尺間の目盛のずれによる誤差
複数の標尺を使用する場合、個体差による誤差が発生する。この場合は、なるべく1本の標尺を使うことが望ましいが、測定の効率化のために2本の標尺を使う場合は、レベルの設置回数を偶数回にして交互に使う。図3.18のように点Aの標尺を点Cと点Eに使用、点Bの標尺を点Dで使用することで誤差を低減できる。

点Aと点Eの高低差＝$\{(H_{AB} + e_1) - (H_{BF} + e_2)\} + \{(H_{BB} + e_2) - (H_{CF} + e_1)\} + \{(H_{CB} + e_1) - (H_{DF} + e_2)\} + \{(H_{DB} + e_2) - (H_{EF} + e_1)\}$
$= (H_{AB} + H_{BB} + H_{CB} + H_{DB}) - (H_{BF} + H_{CF} + H_{DF} + H_{EF})$

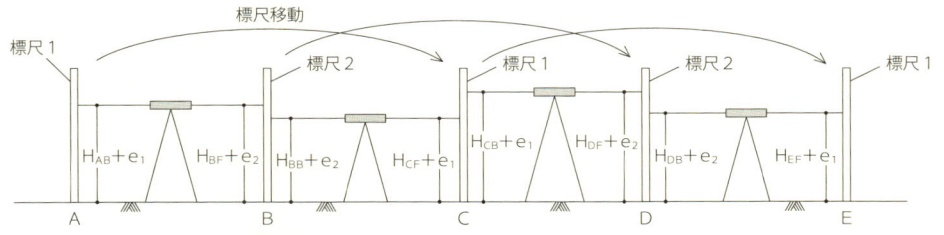

図3.18　複数の標尺の使用による誤差の低減方法

③視準不良による誤差

　対物レンズと接眼レンズの焦点が合っていない場合、目の位置の上下により、標尺の目盛と十字線が不定の状態になるため、読取り誤差が発生する。接眼レンズおよび対物レンズの焦点を合致させることで低減する。

④標尺の設置不良による誤差

　標尺が傾いた状態で測定を行うと、図3.19のように実際より数値が大きくなる誤差が発生するため、標尺に気泡管を取り付け、鉛直を確保する。

図3.19　標尺の傾きによる誤差の発生

# 4

# 角度測量

角度の測量は、基準となる点を中心として2つの測点が成す角度を測るものであり、トランシット、セオドライトなどを用いて行う。

角度には、水平角と鉛直角がある。水平角は、水平面上における、基準となる点を0度とし右回りの角度を360度で表す。鉛直角は、鉛直面上における、基準となる点からの角度であり、天頂方向（真上）を0度とし180度で表す場合を天頂角、水平面を0度とし、上下方向の角度（上方向を＋、下方向を－）を90度で表す場合を高度角という。

角度の単位は、度、分、秒を使用し、1度は60分、1分は60秒の関係である。

本章では、角度測量に用いる機器を説明するとともに、セオドライトを用いた測定方法について述べる。

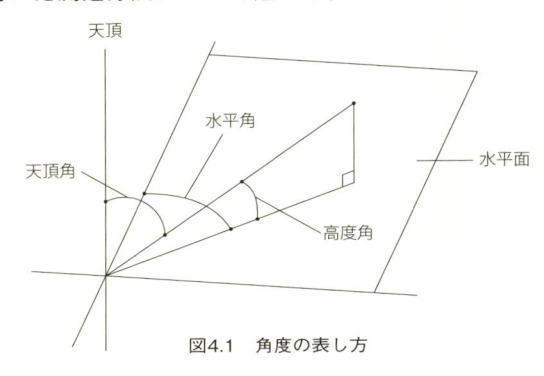

図4.1　角度の表し方

## 4.1 使用機器

角度測量には、測定した角度をバーニア方式で読むトランシット、マイクロ方式で読むセオドライトを使用する。水平角は鉛直軸を中心に望遠鏡を水平方向に回転させ、鉛直角は水平軸を中心に望遠鏡を鉛直方向に回転させることで測定する。また、鉛直方向のみを測るものとして、レーザー鉛直器と下げ振りがある。

**ポイント**
現在、建築ではトランシットはほとんど使用されていない。

### 4.1.1 トランシット

基準点を視準した状態の望遠鏡を水平方向と鉛直方向に回転させて測点を視準することで、基準点から測点までの角度を測定する。角度は、目盛盤の主目盛とバーニア（副尺）の目盛が一致している

写真4.1　トランシット

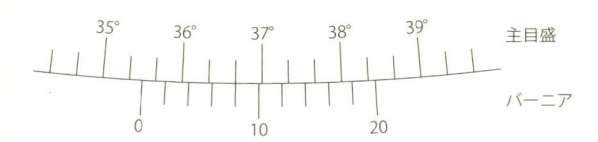

図4.2　主目盛とバーニアの関係

主目盛　　　35°20′（バーニアの0の位置）
バーニア　　　　8′（主目盛と一致しているところ）
角度の読み　35°28′

ところの数値をルーペで読み取る。バーニアは主目盛の 1/10 の精度で読み取ることができる。

### 4.1.2 セオドライト

トランシットと同様に望遠鏡を回転させて、測点の水平角と鉛直角を測定する。測定した角度を読み取る方法によって、目視による光学式とデジタルによる電子式に分類できる。

**（1）光学式セオドライト**

測定した角度の目盛の読み取る精度によって、スケール直読み方式とマイクロ方式に分類できる。

①スケール直読み方式

角度の目盛盤を、細かく刻んだガラスのスケールに重ね合わせて拡大し、直接目視で目盛を読み取る。

②マイクロ方式

内蔵した平行ガラスをマイクロつまみにより傾け、細かい角度の目盛をマイクロ顕微鏡で読み取る。スケール直読み方式に比べて高精度の角度測定ができる。

写真4.2　光学式セオドライト

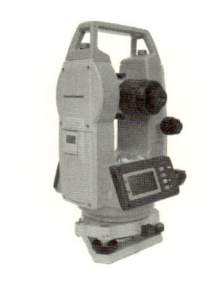

**（2）電子式セオドライト**

目盛盤とバーニア盤を透過した光の明暗を分析することで自動的に角度を読み取る。測定時は、望遠鏡の回転角に対応した光の変化を連続的に読み取り、モニターに回転角を表示することができる。

写真4.3　電子式セオドライト

### 4.1.3 レーザー鉛直器

本体の水平面に対して、鉛直方向にレーザー光を照射するものである。基準点の鉛直方向への移設、床の基準墨の天井面への移設、鉛直精度の確認などに使用する。

### 4.1.4 下げ振り

垂球を吊るした糸もしくはピアノ線の鉛直性を利用して、墨出しや取付け部材の鉛直性の確認に利用する。風の影響を受けやすいため、室内や階高程度の高さ間の鉛直の測定に使われる。

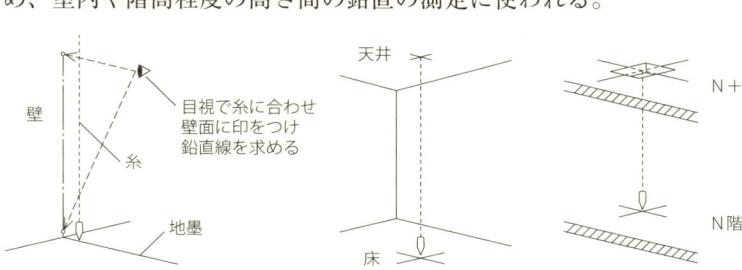

写真4.4　下げ振り

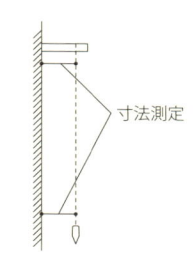

図4.3　下げ振りの使用事例

## 4.2 セオドライトによる角度測量

### 4.2.1 セオドライトの構造

セオドライトは、図4.4のように、望遠鏡、気泡管、水平目盛盤、高度目盛盤、読取機構、鉛直軸、水平軸、整準装置、求心装置から成っている。

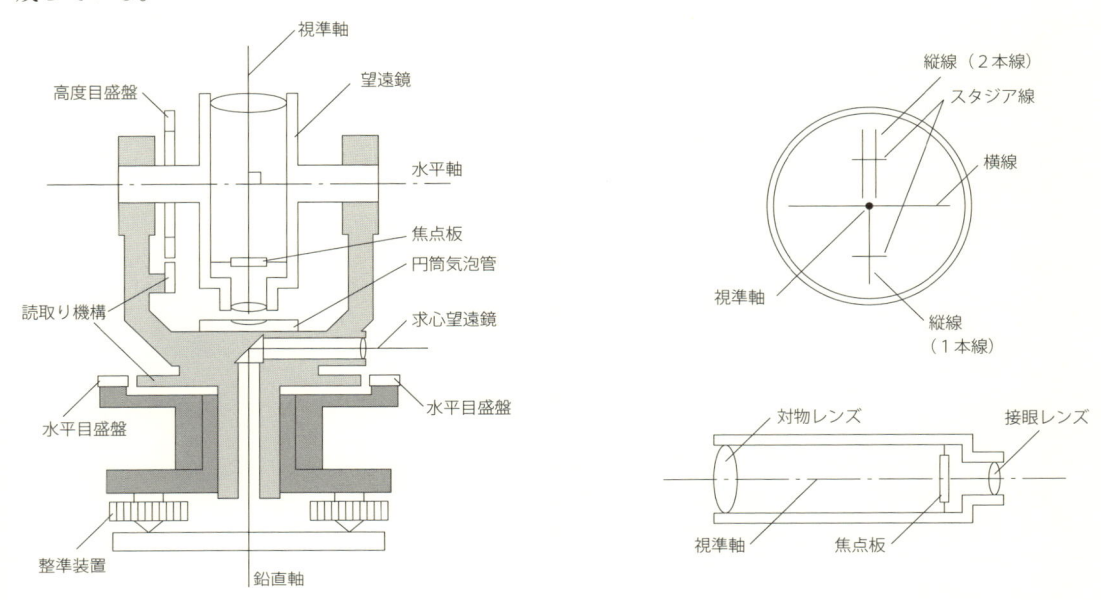

図4.4 セオドライトの構造

### (1) 目盛の読取り方
①スケール直読み方式

目盛盤の目盛を拡大し、目盛の最小目盛を60等分したスケールを重ねて投影することで端数値を分単位で読み取る。例えば、図4.5の目盛は89度であり、その目盛と重なっているスケールの目盛が7分であるため、測定した角度は89°7′となる。

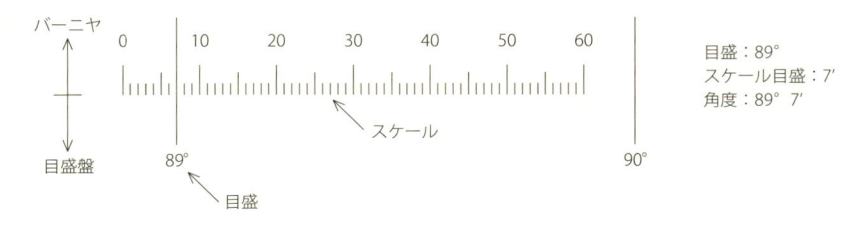

目盛：89°
スケール目盛：7′
角度：89° 7′

図4.5 スケールの読取り

②マイクロ方式

目盛盤の目盛を拡大投影し、端数値をマイクロ機構によって秒単位まで読み取る。マイクロ機構部には平行平面ガラスが取り付けられており、その傾きによってセオドライト内部の光路を変え、本体

や望遠鏡を回転させずに主目盛をマイクロ焦点板の中心に移動させる。その移動量をマイクロ目盛で表示する。例えば、図4.6の主目盛は180度であり、マイクロ目盛は30分20秒であるため、測定した角度は180°30′20″となる。

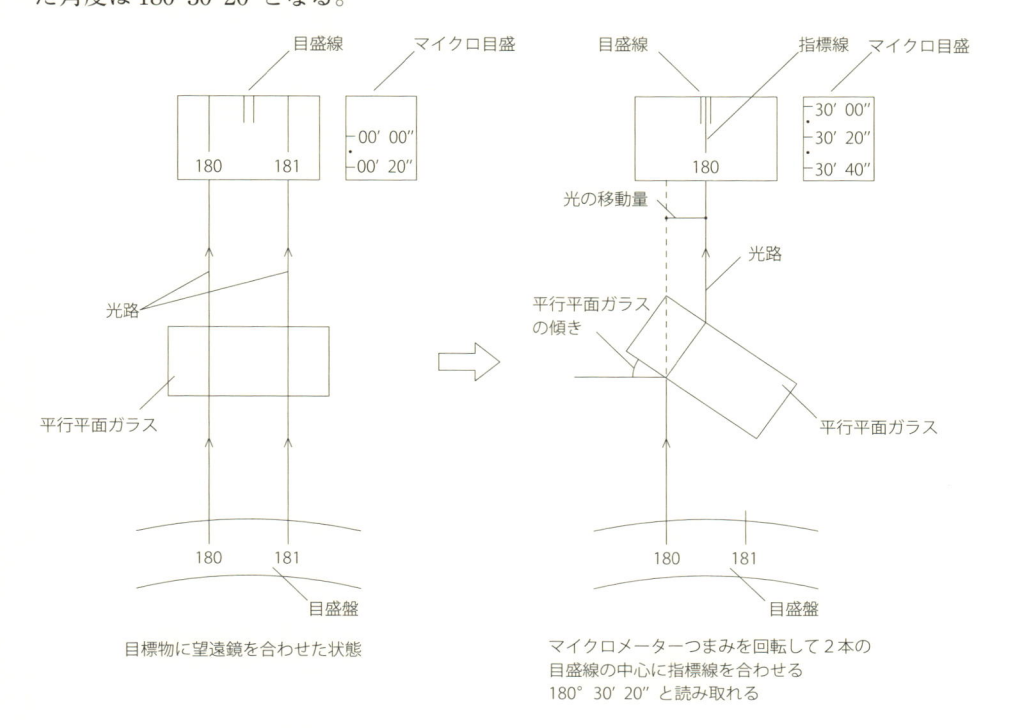

図4.6　マイクロ目盛の読取り

③電子式

円形のガラス盤の円周上に等間隔に細い線を描いた目盛盤とバーニア盤を図4.7のように2枚向かい合わせ、目盛盤の一方から発光ダイオードを発光させ、受光センサーでその光を受ける構造となっている。目盛盤を回転させると受光センサーが受光する光の明暗は変化し、その光の明暗を分析することで回転角度をデジタルで表示する。

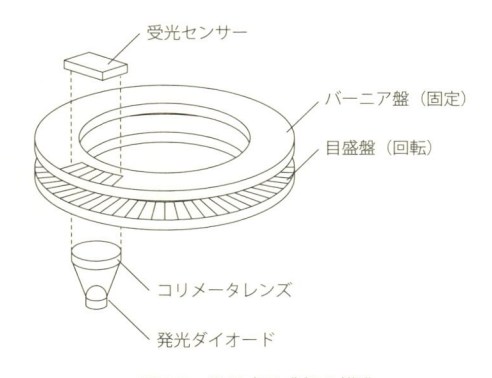

図4.7　電子式目盛盤の構造

## (2) 軸の働き

セオドライトは鉛直軸と水平軸の2つの回転する軸をもち、望遠鏡の視準軸とは互いに直交している。

### ①鉛直軸

レベルと同様、水平方向に回転し、水平角を測定する場合に必要な機能である。鉛直軸は、図4.8のように単軸型と複軸型があるが、一般に複軸型が使われている。複軸型は本体を支えかつ回転させる内軸と、水平目盛盤を回転させる中間軸が底部の固定された外軸で支えられており、内軸と中間軸を使い分けて倍角法測量に用いられる。

> **ポイント**
> 
> **水平方向の回転**：水平角度の測定の場合、時計回りの方向の回転を基本とする。
> 点Aから点Bに向けて回転すると角度は正に増える。

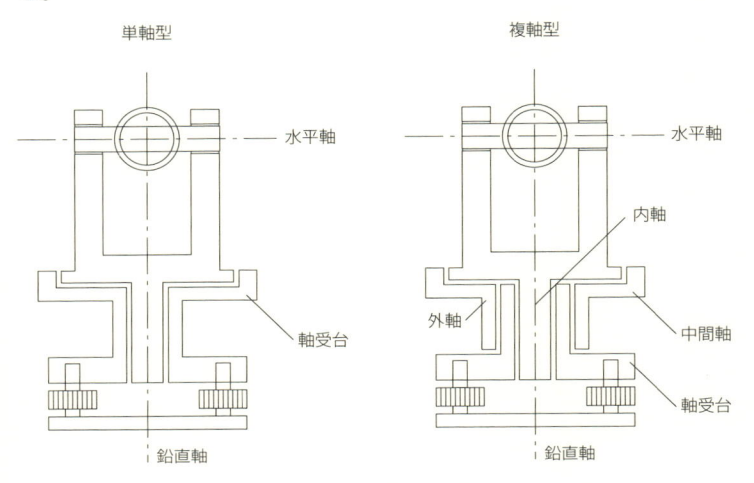

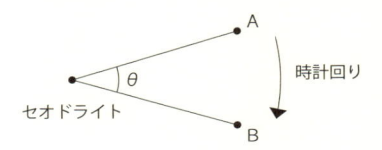

図4.8 鉛直軸の構造

### ②水平軸

高度目盛盤を固定し、図4.9のように、望遠鏡を鉛直方向に回転し、高度角、天頂角、鉛直線を測量する場合に必要な機能である。

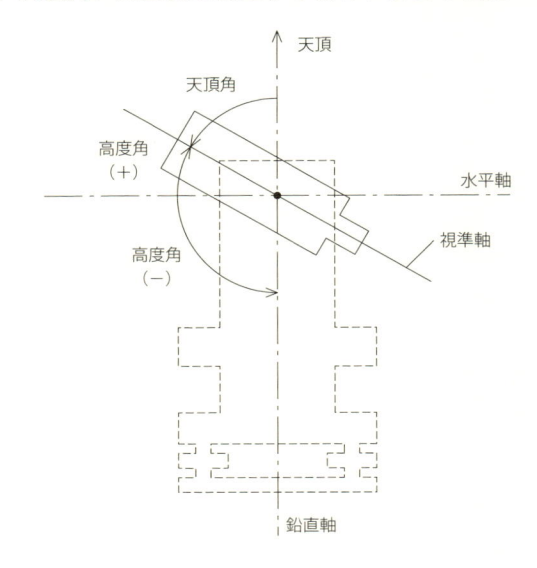

図4.9 水平軸の構造

## (3) 求心装置

　本体を三脚の上に設置し、鉛直軸を測点の鉛直線に合わせることを求心といい、そのために使用する装置として下げ振り、求心望遠鏡、求心移動装置がある。下げ振りは、鉛直軸と測点を概略に合わせるときに使用する。求心望遠鏡は鉛直軸の中を通して直下を見るようになっており、正確に鉛直軸が測点に合っているかを目視で確認するときに使用する。求心移動機構は、整準台の上部を水平方向にスライドさせるためのものであり、器械を水平方向に動かしながら、鉛直軸を測点に合わせるときに使用する。

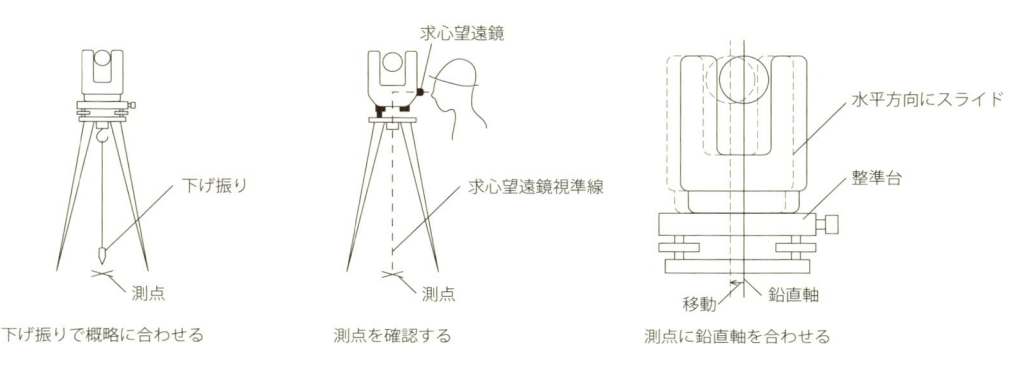

図4.10　求心装置の使用方法

## 4.2.2 測定方法

### (1) 測定準備

①設置手順

　セオドライトを三脚に固定し、本体を水平に調整し、鉛直軸と測点を合わせる。

手順1）三脚の脚頭をほぼ水平にし、かつ中心がほぼ測点の真上にくるよう3本の足をひろげ固定する。この場合下げ振りを使うとよい

手順2）三脚のほぼ中央にセオドライトを載せ、三脚の定心桿を締め付けて固定する

手順3）セオドライトの上部固定ねじを緩めて本体を回転し、円筒形気泡管を整準ねじA、Bと平行にする

手順4）整準ねじA、Bを回して円筒形気泡管の気泡が中央にくるようにする

手順5）整準ねじA、Bと直角な方向に本体を回転する

手順6）整準ねじCのみを使って円筒形気泡管の気泡を中央にする

手順7）本体をさらに90度回転させ円筒形気泡管が中央にあることを確認する。中央にない場合は手順3）〜7）を繰り返す

図4.11　円筒形気泡管による水平の調整方法

手順8）求心移動機構を用いて整準台の上をスライドさせながら、求心望遠鏡の視準線と測点を合わせる
手順9）本体を回転させながら、どの方向でも円筒形気泡管の気泡が中央になるよう整準ねじで微調整する
手順10）本体が水平であり、鉛直軸と測点が一致するまで手順3）～9）の操作を繰り返し行う

②角度の読取り方法

　望遠鏡の視準軸に測点を合わせた後、望遠鏡の横にあるマイクロ接眼レンズを覗くと3つの目盛表示窓が見える。V窓は高度目盛、H窓は水平目盛、もう1つの窓はマイクロ目盛である。マイクロつまみで目盛を中心の2本線に合わせて角度を読み取り、分と秒単位の角度はマイクロ目盛で読み取ることになる。

　例えば、図4.12のように、H窓の2本線の中心に180度の目盛をマイクロつまみを使い移動させ、そのときのマイクロ目盛を読むと 30′ 20″ であり、測定した水平角度は 180° 30′ 20″ となる。

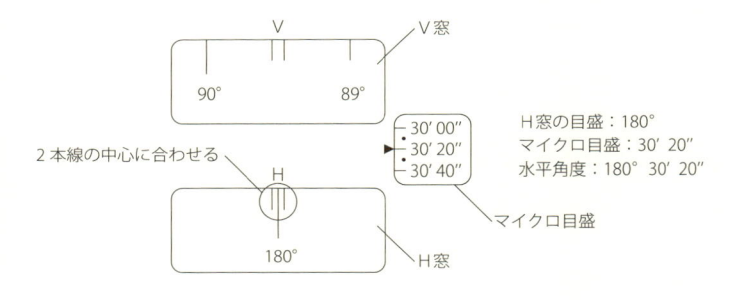

図4.12　角度の読取り方法

③回転つまみと固定ねじ

　セオドライトの水平目盛盤の回転を調整するために使用するのが、回転つまみと固定ねじである。

　水平目盛盤を中心に上部と下部の2カ所にある。固定ねじは水平目盛盤と支柱の回転の調整に利用する。回転つまみは、固定ねじを締めた状態で回転を微調整する場合に使用する。

**ポイント**
固定ねじを締めた状態で、無理に回転させると器械の故障の原因になるので注意する必要がある。

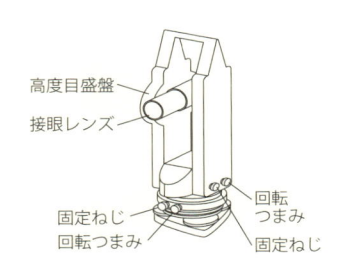

図4.13　回転つまみと固定ねじの位置

表4.1　固定ねじの状態による調整内容

| 固定ねじの状態 | | 調整内容 |
|---|---|---|
| 上部 | 下部 | |
| 緩める | 緩める | 水平目盛盤を手で回して任意の角度に合わせる |
| 緩める | 締める | 支柱が回転した範囲を目盛で表示する |
| 締める | 緩める | 一定の角度の目盛で支柱を回転させる |
| 締める | 締める | 支柱は固定され回転つまみのみで回転する |

④望遠鏡の向き

　セオドライトは、本体に対する望遠鏡の向きにより、正位と反位の状態になる。ある測点を覗いたとき、望遠鏡の接眼レンズの位置が高度目盛盤の右側にある状態を正位の位置という。正位の位置から、水平軸を中心に180度、さらに鉛直軸を中心に180度回転し、望遠鏡の位置が高度目盛盤の左側にある状態を反位の位置という。

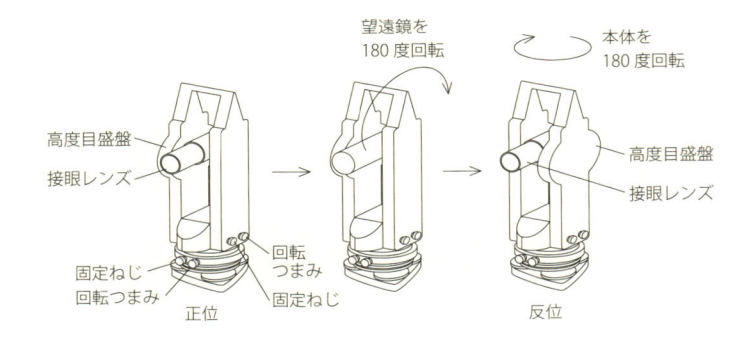

図4.14　セオドライトの正位と反位

(2) 水平角の測定

①0度からの水平角の測定

　水平角度が00°00′00″の状態で、2つの測点間の水平角を測定する方法である。

　セオドライトの上部固定ねじ、下部固定ねじを緩めマイクロ接眼を覗きながら水平目盛回転リングを回す。H窓に0度の目盛線が表れたら、上部固定ねじを締め上部微動ねじを回して図4.15のように、2本線の中心に0度の目盛線を入れる。次に、マイクロつまみを使い、

ポイント
目盛表示が暗くて読みづらい場合は、集光用の鏡を調整して明るくする。集光用の鏡は回転つまみの上部にある。

マイクロ目盛窓に表示される数字を 00′ 00″ に合わせる。

図4.15　水平角度が00°00′00″の状態

下部固定ねじを緩めて、測点 A を視準し、下部固定ねじを締める。上部固定ねじを緩め時計回りに望遠鏡を回転し、測点 B を視準する。マイクロ接眼レンズを覗き、図 4.16 のように角度目盛線が H 窓の 2 本線の中心にくるまでマイクロつまみを回し、読み取った角度が測点 A と測点 B の水平角になる。

図4.16　水平角度が90°30′20″の状態

②任意の角度からの水平角測定

　望遠鏡を覗き、回転つまみを回しながら十字線に測点を合わせて、水平目盛を読む。次に望遠鏡を右回りに回転し、次の測点に十字線を合わせて水平目盛を読む。最後に、各測点の水平角度の差を求めて 2 点間の水平角とする。

③決められた角度を回転

　水平角度が 00°00′00″ の状態で、測点から決められた水平角度に望遠鏡を回す方法である。

　測点から時計回りに 45°30′20″ の角度の位置に望遠鏡を回す場合、水平角度を 00°00′00″ にして測点 A を視準し、下部固定ねじを締めた状態でマイクロつまみを回してマイクロ目盛を 30′20″ にする。

　上部固定ねじを緩め望遠鏡を時計回りにほぼ 45 度回転させ、上部固定ねじを締め付け、上部微動ねじを使って 45 度の目盛線を H 窓の 2 本線の中央に入れる。このとき、望遠鏡の視準している方向が、測点 A から 45°30′20″ 回転した点になる。

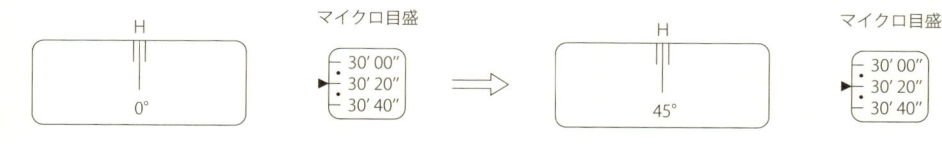

図4.17　水平角度が45°30′20″回転した状態

## (3) 垂直角の測定

### ①床面にある基準墨を壁面に移す

　床面にある基準墨の一端にセオドライトの鉛直軸を合わせて設置する。次に、上部固定ねじと下部固定ねじを締め付け、上部または下部微動ねじを使って、正確に他端の基準線を望遠鏡で視準する。その後に、望遠鏡を壁面の上下2カ所を視準し、その2点を結ぶ直線が壁面の鉛直線となる。

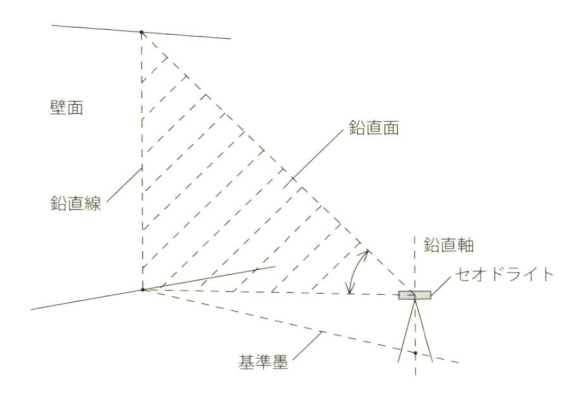

図4.18　基準墨の壁面への移し方

### ②鉛直性の測定

　鉛直性の測定は、鉛直方向に設けられた2つの測点スケールを用いて行う。測点の高さと同じくらいの距離の位置にセオドライトを設置する。望遠鏡を上下方向に回転して、2つの測点の位置を視準し、スケールの目盛を読み取り、視準した方向に対する直角方向の傾きを求める。中間部分も同様の方法で測定すると測定精度が向上する。以上の測定を2方向から行うことで、鉛直線に対する測定の傾きを求めることができる。

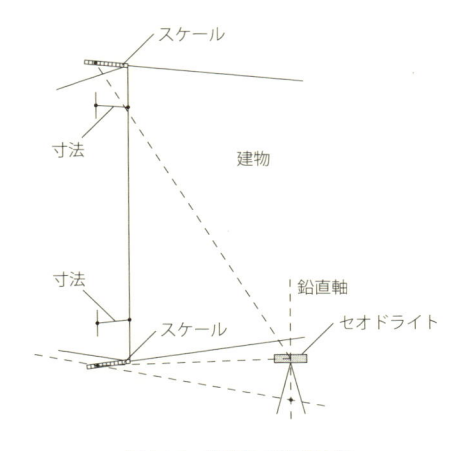

図4.19　鉛直性の測定方法

## (4) 直線の延長
### ①起点にセオドライトを設置できる場合
起点 A にセオドライトを設置して点 B を視準し、その視準線上に点 C を求めて直線を延長する方法である。直線 AB の中間点および延長点が簡単に求められる。

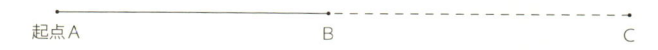

図4.20　起点からの直線の延長方法

### ②起点にセオドライトを設置できない場合
点 B にセオドライトを設置して点 C を求める方法である。起点 A にセオドライトが設置できない（点 A が壁面など）場合に用いる。

点 B にセオドライトを設置し、正位の状態の望遠鏡で点 A を視準する。望遠鏡を反位の状態にして視準し、$C_1$ を求める。セオドライトの固定ねじを緩め、望遠鏡を水平回転させ、反位の状態で点 A を視準する。望遠鏡を正位の状態にして視準し、$C_2$ を求める。$C_1$、$C_2$ の中間点を直線 AB の延長点とする。

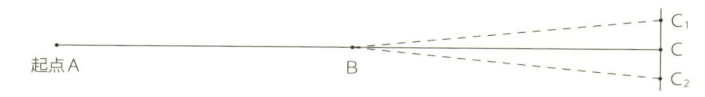

図4.21　中間点からの直線の延長方法

## 4.2.3 測定誤差

### (1) 機器誤差の確認
#### ①円筒形気泡管と鉛直軸の直角性
整準ねじ A、B と平行に円筒形気泡管を置き、図 4.22 のように、整準ねじ A、B を回して円筒形気泡管の気泡を中央にする。本体を 90 度回転し、整準ねじ C を回して円筒形気泡管の気泡を中央にする。さらに本体を 90 度回転し、円筒形気泡管の気泡のずれが機器の許容範囲内であれば正常とする。

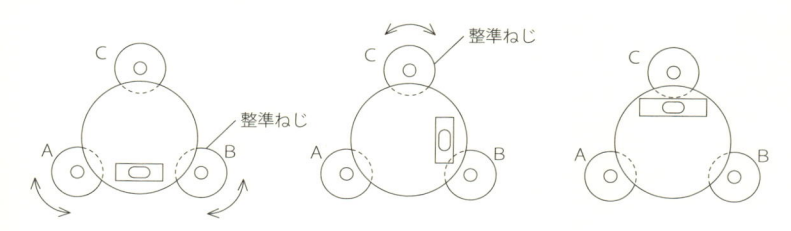

図4.22　円筒形気泡管の精度確認

> **ポイント**
> 円筒形気泡管と鉛直軸の直角性における機器の許容範囲。例えば、気泡管目盛の 1/4 以内。

#### ②視準軸と水平軸の直交性
セオドライトから約 50m 離れた目標点 A を視準し、望遠鏡を水平軸回りに反転させて、点 A と等距離の位置に視準して点 B とす

> **ポイント**
> 視準軸と水平軸の直交性における機器の許容範囲。例えば、距離が 50mm の場合 10mm 以内または水平角が 10″ 以内。

る。セオドライトを鉛直軸回りに水平回転させ、再び点 A を視準し、望遠鏡を水平軸回りに反転させて視準した点と点 B の差が機器の許容範囲内であれば正常とする。

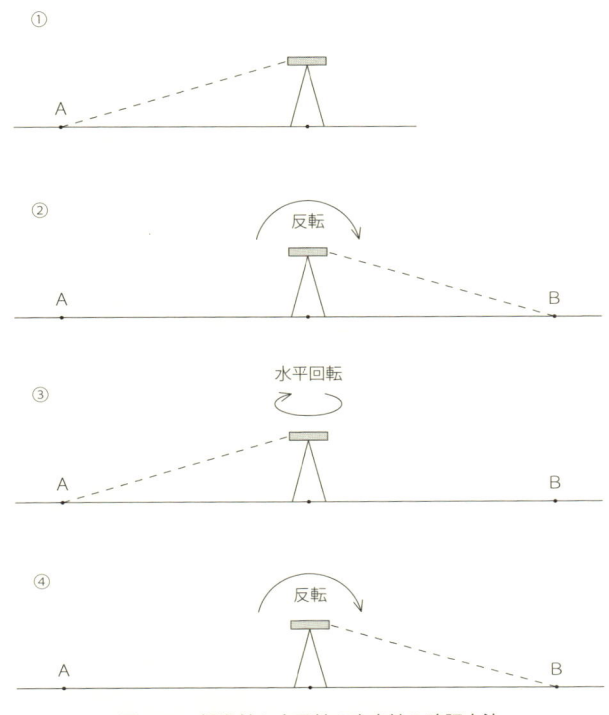

図4.23　視準軸と水平軸の直交性の確認方法

③水平軸と鉛直軸の直角性
　高所の目標点 A を視準し、望遠鏡を下に向けて地上付近の目標点 B を視準する。セオドライトを鉛直軸回りに水平回転、水平軸回りに反転させ、再び点 A を視準し、望遠鏡を下に向けて視準した点 B' と点 B の差が機器の許容範囲内であれば正常とする。

**ポイント**
水平軸と鉛直軸の直角性における機器の許容範囲。例えば、水平角が 10″以内。

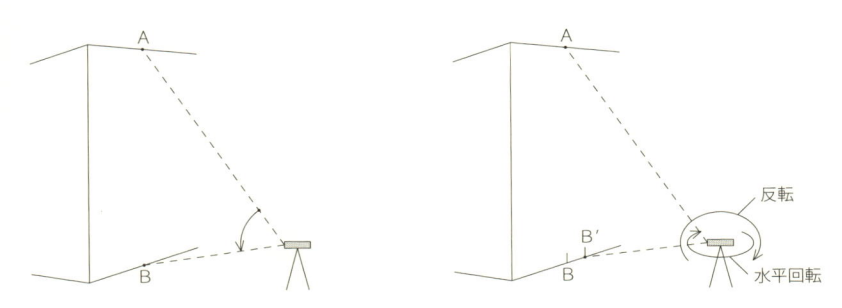

図4.24　水平軸と鉛直軸の直角性の確認方法

④求心望遠鏡の視軸と鉛直軸の一致性
　セオドライトを水平に設置して求心望遠鏡を覗き、求心望遠鏡の指す点に印を付ける。セオドライトを鉛直軸回りに 90 度ずつ回転

**ポイント**
求心望遠鏡の視軸と鉛直軸の一致性における機器の許容範囲。例えば、各点間の距離が 1mm 以内。

させ、回転ごとにしるした点 A、B、C、D 間の差が機器の許容範囲内であれば正常とする。

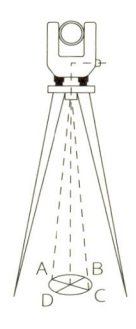

図4.25　求心望遠鏡の鉛直性の確認方法

### （2）測定精度の向上
#### ①単測法
　一つの測定対象の水平角を正位、反位の2回測定することにより、その平均値を求めることで測定精度を高める方法である。

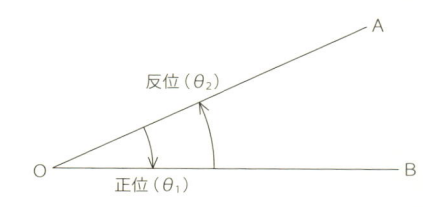

図4.26　単測法による水平角の測量

#### ②倍角法
　一つの測定対象の水平角を水平目盛盤の異なる部分を利用して2倍数で測定する方法である。一般に、2回測定を2倍角、n回測定をn倍角という。望遠鏡を反転し、反位の状態で同様の方法で測定し、平均値を取れば、さらに正確な結果が得られる。

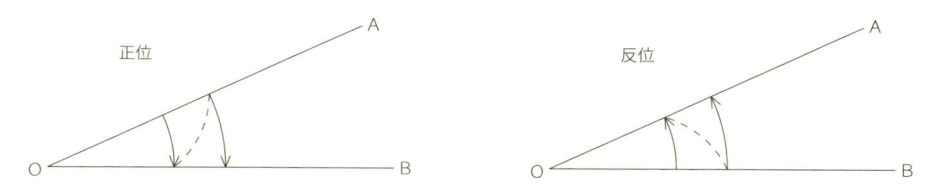

図4.27　倍角法による水平角の測定方法

#### ③方向法
　一つの測点を中心に複数の測点の水平角を測定する場合、これらの水平角を1組として測定する方法である。倍角法に比べて測定時間が短くできるため、三角測量など多くの測点を視準する必要の場合に使われる。

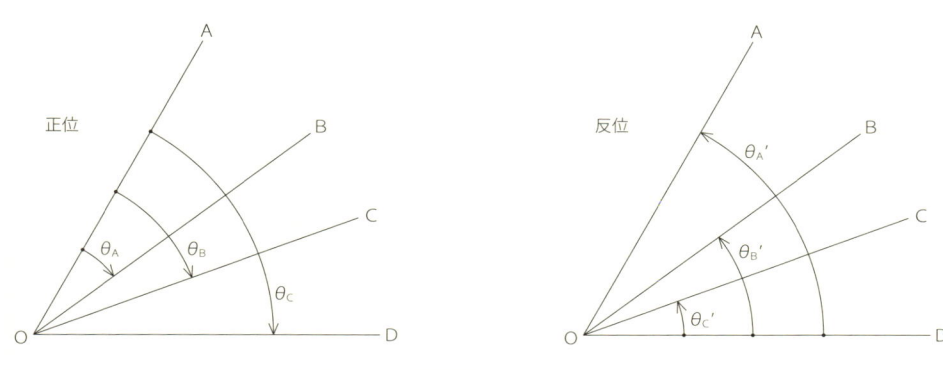

図4.28　方向法による水平角の測定方法

## (3) 水平角の測定誤差と距離の関係
### ①角度測定誤差

角度∠AOBを計測し、その角度が$\theta_2$である場合、真の角度$\theta_1$と$\theta_2$の差は$\theta_3$となる。図4.29のように、$\overline{\text{OB}}$間の距離をLとすれば、角度のずれによる距離のずれの大きさeは式4.1で求められる。

$$\theta_3 = \theta_2 - \theta_1$$

$$e = \left(\theta_3 \times \frac{\pi}{180}\right) \times L \quad \cdots \text{式4.1}$$

$\theta_3$の単位：度

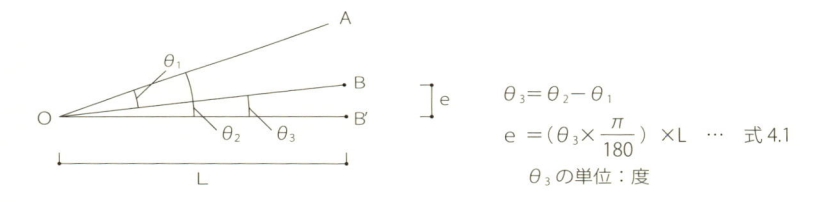

図4.29　倍角法による角度のずれと距離の関係

### ②長方形の角度測定誤差

長方形の内角を測定した結果の和が360度にならないような場合は、その誤差の1/4を各角に配分して測定値を調整することができる。

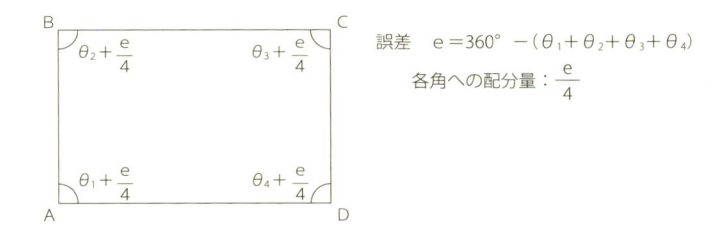

誤差　$e = 360° - (\theta_1 + \theta_2 + \theta_3 + \theta_4)$

各角への配分量：$\frac{e}{4}$

図4.30　長方形の角度の調整方法

# 5

## 三次元測量

三次元測量は、三軸の直角座標系において測点の三次元座標を測るものであり、トータルステーション、GPSなどを用いて行う。本章では、三次元座標の測定方法の説明とともに、その測定機器について述べる。

## 5.1 使用機器

建築現場における三次元測量には、一般にトータルステーションが多く使用されている。また、測量の状況にもよるが、衛星測位システムも使用される。その他、測量の目的に応じて、カメラやレーザースキャナーを活用することができる。

### 5.1.1 トータルステーション

電子式セオドライトと光波距離計を組み合わせたもので、鉛直角、水平角、距離を同時に測定し、測定データを内部のコンピューターで処理して、測点の三次元座標を算出する。算出結果を備え付けのモニターに表示し、測定データをメモリに記録する。また、記録した測定データを利用して、建物の精度管理、三次元CADモデルの作成、自動墨出しを行うことができる。

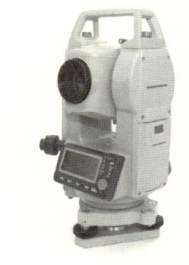

写真5.1　トータルステーション

### 5.1.2 全地球測位システム

人工衛星からの電波を地上で受信、解析することにより、測点の座標や2点間の相対的位置関係を求めるシステムである。GPS、GLONASS、GALILEO、QZSS（準天頂衛星）の総称である。

写真5.2　GPSアンテナ

### 5.1.3 ステレオカメラ

カメラを用いた測量は古くから航空測量などに応用されている。ステレオカメラは2つのカメラを利用して、対象物の三次元位置を測定するのもである。写真を撮るだけで複雑な対象物の測定ができ、最近のデジタルカメラと画像処理技法の発展により普及が進んでいる。

### 5.1.4 レーザースキャナー

ノンプリズム方式の光波距離計を高速に回転させながら大型な対象の表面形状を測定する機器である。測定データは、点群データといい、物体表面の一定間隔の三次元位置座標である。既存の測定方法では難しい不定形な構造物や大型構造物の測定に利用されている。

写真5.3　三次元スキャナー

## 5.2 トータルステーションによる三次元測量

### 5.2.1 トータルステーションの構造

トータルステーションは、その動作を制御する制御部と表示部、計測における測角装置と測距装置により構成される。また、最近では、測量作業の合理化のために、通信装置、自己位置補正装置、カメラ装置、駆動装置、自動視準装置などが組み込まれている。

**(1) 制御部**

トータルステーションの全体機能を制御する部位であり、電源管理、入力・出力、演算処理、動作確認などを行う。

**(2) 表示部**

計測に必要な操作メニュー、計測の結果を表示する部位である。

**(3) 測角装置**

電子セオドライトと同様の装置であり、望遠鏡を回転して視準した測点の水平角、鉛直角を測定する。

**(4) 測距装置**

光波距離計と同様の装置であり、望遠鏡で視準した測点までの距離を測定する。

**(5) 通信装置**

トータルステーションの内部情報の外部機器への伝送、または外部機器からの信号のトータルステーションへの伝送を行うための通信を行う。

**(6) 自己位置補正装置**

本体の鉛直軸の傾きを常に測定し、垂直ではない場合は、測角装置や測距装置の測定結果の補正を行う。傾きの測定は、本体に組み込まれた精密な傾斜計を用いて行い、傾斜計の測定範囲以上に本体が傾いている場合は、計測が不可能となる。また、測定した傾きの結果は、モニターに気泡管の形で表示され、確認することができる。

**(7) カメラ装置**

望遠鏡の視準軸に平行してカメラを据え付け、接眼レンズを覗かなくても、カメラの画像を見ながら測点の視準ができる装置である。最近では、カメラの画像を自動的に解析することにより、測点を自動的に認識する方法も開発されている。

**(8) 駆動装置**

望遠鏡の水平方向、鉛直方向の回転部にモーターを組み込んで制御することにより、視準を自動的に行うための装置である。カメラ装置と組み合わせることで、遠隔においての測量が可能となる。

**(9) 自動視準装置**

反射プリズムを自動的に認識し、視準する装置である。トータルステーションの本体を操作しなくても、測点にプリズムを設置することで測量することが可能である。

> **ポイント**
> 自己位置補正装置で補正できる傾きの範囲は器械によって異なるが、一般的に±3′である。

### 5.2.2 三次元座標の設定方法

#### （1）水平距離と高低差の算出

測定した斜距離と鉛直角（天頂角）を用いて、図5.1のように水平距離と高低差を求める。

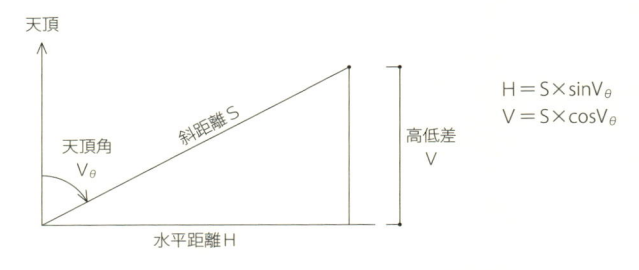

$$H = S \times \sin V_\theta$$
$$V = S \times \cos V_\theta$$

図5.1　天頂角、斜距離、水平距離、高低差の関係

実際の測定においては、図5.2のように、器械とプリズム高さを考慮した水平距離と高低差を求める。

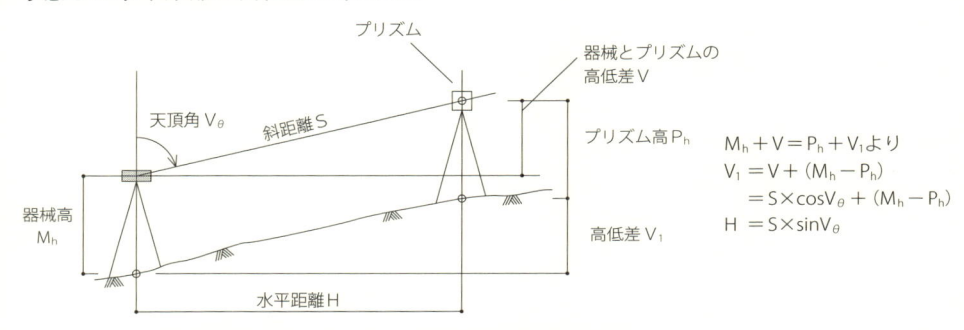

$M_h + V = P_h + V_1$ より
$$V_1 = V + (M_h - P_h)$$
$$\quad = S \times \cos V_\theta + (M_h - P_h)$$
$$H = S \times \sin V_\theta$$

図5.2　器械とプリズムを用いた水平距離と高低差の求め方

#### （2）三次元座標の算出

①原点Aを器械の位置と高さとし、水平角度の0度をX軸に合わせた場合、図5.3のように測点Bの三次元座標を求める。

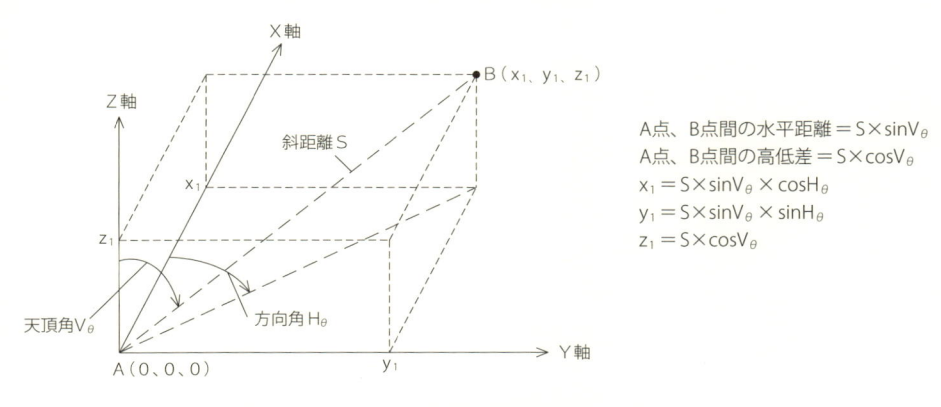

A点、B点間の水平距離 $= S \times \sin V_\theta$
A点、B点間の高低差 $= S \times \cos V_\theta$
$x_1 = S \times \sin V_\theta \times \cos H_\theta$
$y_1 = S \times \sin V_\theta \times \sin H_\theta$
$z_1 = S \times \cos V_\theta$

図5.3　原点とX軸が既知の場合の三次元座標の測定

②三次元座標が既知の2つの点があり、一つの点に本体を設置して

器械点とし、もう一つの点を後視点として視準した場合、図5.4のようにX軸とY軸の方向角を求めることで原点に器械を設置しない場合でも、測点の三次元座標を測定できる。

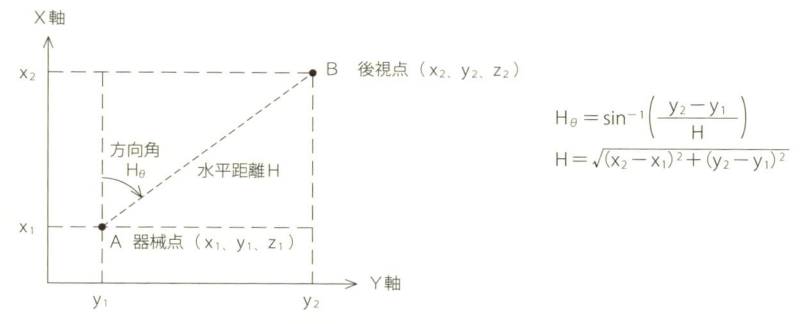

$$H_\theta = \sin^{-1}\left(\frac{y_2 - y_1}{H}\right)$$
$$H = \sqrt{(x_2 - x_1)^2 + (y_2 - y_1)^2}$$

図5.4　2つの点の三次元座標が既知の場合の方向角の設定

### (3) 器械の設置位置の三次元座標の算出

①三次元座標が既知の2つの点があり、任意の点に器械を設置して器械点とし、2つの既知の点を視準した場合、図5.5のように方向角を設定し、器械点のXとYの座標を求めることができる。

**ポイント**
現場では原点の上に器械を設置できない場合が多く、任意の点に器械を設置し、器械点の座標を求めて測量するのが一般的である。

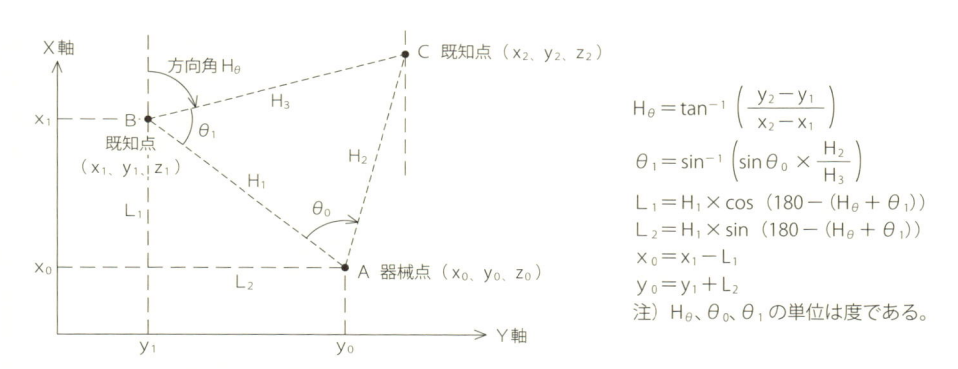

$$H_\theta = \tan^{-1}\left(\frac{y_2 - y_1}{x_2 - x_1}\right)$$
$$\theta_1 = \sin^{-1}\left(\sin\theta_0 \times \frac{H_2}{H_3}\right)$$
$$L_1 = H_1 \times \cos(180 - (H_\theta + \theta_1))$$
$$L_2 = H_1 \times \sin(180 - (H_\theta + \theta_1))$$
$$x_0 = x_1 - L_1$$
$$y_0 = y_1 + L_2$$
注）$H_\theta$、$\theta_0$、$\theta_1$ の単位は度である。

図5.5　三次元座標が既知の2つの点を視準した場合のXとY座標の設定

②三次元座標が既知の点があり、任意の点に器械を設置して器械点とし、既知の点を視準した場合、図5.6のように器械点のZ軸の座標を求めることができる。

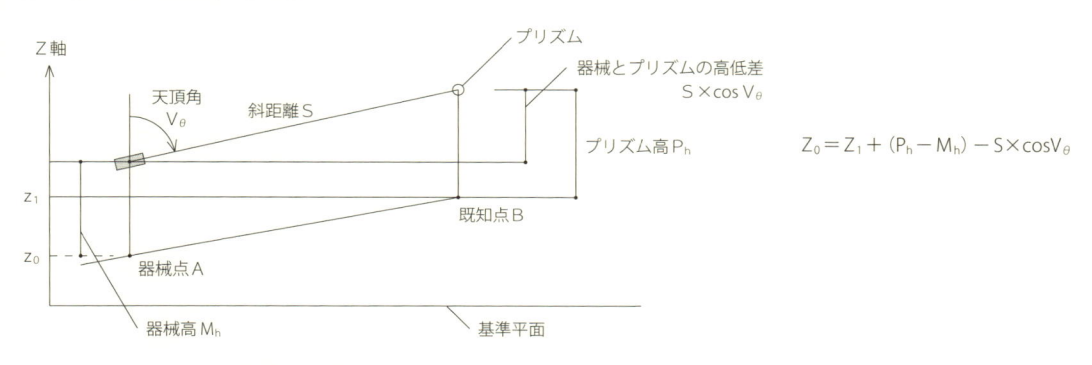

$$Z_0 = Z_1 + (P_h - M_h) - S \times \cos V_\theta$$

図5.6　三次元座標が既知の点がある場合のZ座標の設定

## 5.3 GPSによる三次元測量

### 5.3.1 GPSの構成

**(1) GPS衛星群**

GPS専用に打ち上げられた人工衛星（地上約2万kmを周回）で6個の軌道上に4個ずつ合計24個配置され、地球上のどこからでも最低4個の衛星からの電波を受信できるようになっている。GPS衛星には測位のための送信機、電子時計などが搭載されている。

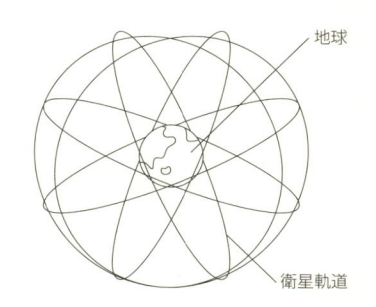

図5.7　GPS衛星の軌道

**(2) 地上支援局**

GPSの機能を維持するための施設であり、衛星の軌道追跡や解析を行うセンターが日本国内の場合4カ所ある。衛星情報、原子時計の更新などを行っている。

**(3) GPS受信装置**

人工衛星から送られてくる測位用の電波は、電離層による影響を消去するため$L_1$帯（1,575.42MHz）、$L_2$帯（1,227.60MHz）の周波数の異なる2種類の電波が使われている。これらの電波には民間用に開放されたC/Aコードと、軍事機密で原則、一般には開放されていないPコードの2種類があり、Pコードのほうが高精度の測位が可能である。市販されている受信機の中には2つのコードの電波を受信できるものもある。

電波には個々の衛星の軌道情報、衛星時計の補正値、電離層の補正係数、衛星の機器状態がメッセージとして送られ、受信機で受信、解析し測位計算に利用している。

### 5.3.2 測定方法

地球上の三次元位置は、理論的には3個の人工衛星からの電波で測定できるが、電波のノイズによる誤差を補正するためには、合計4個の人工衛星からの電波を用いて測定する。したがってGPS受信装置で測位を行うには同時に4個以上の人工衛星の電波を受信しなければならない。GPSによる測定には1台の受信機で観測する単独測位法と2台の受信機で観測する相対測位法がある。

## (1) 単独測位法

1台の受信装置で4個の人工衛星からの電波を受信し、個々の衛星までの距離を求め、位置を求める方法である。衛星などの位置の誤差が直接影響するため、10～100mの誤差精度をもつ。船舶、航空機、自動車のナビゲーションとして利用されている。

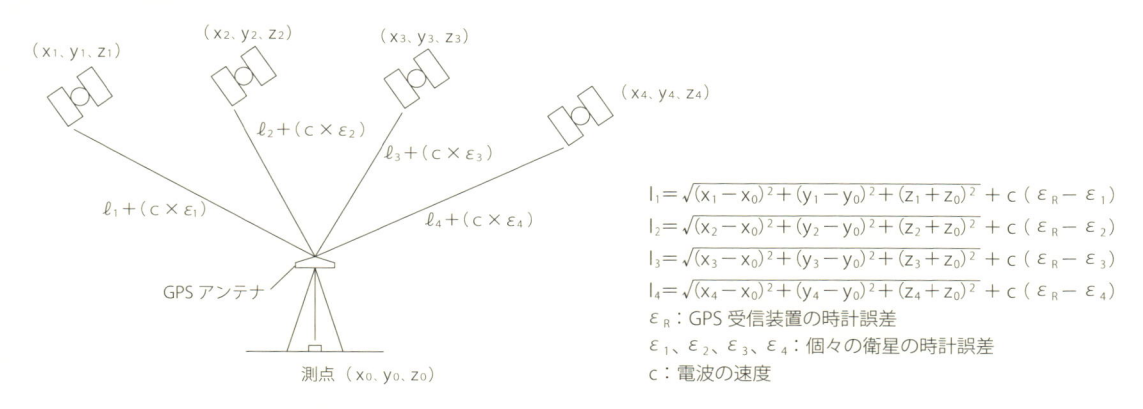

$$l_1 = \sqrt{(x_1-x_0)^2+(y_1-y_0)^2+(z_1+z_0)^2} + c(\varepsilon_R - \varepsilon_1)$$
$$l_2 = \sqrt{(x_2-x_0)^2+(y_2-y_0)^2+(z_2+z_0)^2} + c(\varepsilon_R - \varepsilon_2)$$
$$l_3 = \sqrt{(x_3-x_0)^2+(y_3-y_0)^2+(z_3+z_0)^2} + c(\varepsilon_R - \varepsilon_3)$$
$$l_4 = \sqrt{(x_4-x_0)^2+(y_4-y_0)^2+(z_4+z_0)^2} + c(\varepsilon_R - \varepsilon_4)$$

$\varepsilon_R$：GPS受信装置の時計誤差
$\varepsilon_1、\varepsilon_2、\varepsilon_3、\varepsilon_4$：個々の衛星の時計誤差
$c$：電波の速度

図5.8　単独測位法による位置測定

## (2) 相対測位法

相対測位法にはディファレンシャル法（D-GPS法）と干渉測位法がある。

ディファレンシャル法は基準局と移動局が同時刻にお互いに単独測位を行い、基準局は既知の位置から誤差を無線で発信する。移動局は誤差を受信して、値を補正して位置を測定する方法である。誤差が0.5～5mと大きいため建築の測量には向いていない。船舶などには採用されている。

干渉測位法は基準局と移動局が人工衛星からの電波を同時受信し、人工衛星までの距離を電波の位相差から求め、基準局から移動局までの基線ベクトルを決定する方法である。測定精度がmm単位であり、現在、地殻変動測量、基準点測量、造成工事などの工事測量に採用されている。

干渉測位は、その測定時間によりスタティック法、キネマティック法の2つの方法に分類できる。

①スタティック法

長時間に基準局と移動局の測定を同時に行い、衛星の時間的変位を利用して誤差を補正する方法である。測定には30～60分の時間を要するが、高精度の測定ができる。

②キネマティック法

基準局と移動局間に無線LANなどを利用して測定データの更新を行い、リアルタイムで誤差を補正する方法である。リアルタイムで比較的高精度（数cmの誤差）に位置を決定でき、各種の測量作業を効率化させるほか、建設機械の無人運転など幅広い分野で利用されている。

#### 5.3.3 測定誤差

　GPSによる測定の誤差は様々な要因により発生し、その要因により誤差の範囲も異なる。また、相対測位による軽減が可能な設定と不可能な誤差がある。

　相対測位を用いて測量を行う場合は、軽減できない誤差を少なくし、測定精度を確保するために精度の良い受信機の使用、マルチパスが発生しない環境、障害物がない環境での使用が必要である。

表5.1　誤差の発生要因と範囲

| 誤差の範囲 | 単独測位時の誤差範囲 | 相対測位による軽減 |
|---|---|---|
| 衛星時計 | 2m | 可 |
| 軌道誤差 | 2m | 可 |
| 受信機雑音 | 0.5m | 不可 |
| 電離層遅延 | 2～10m | 可 |
| 大気圏遅延 | 2.5m | 可 |
| マルチパス | 1m | 不可 |
| 障害物 | ― | 不可 |

## 5.4　ステレオカメラによる三次元測量

### 5.4.1 測定原理

**（1）ピンホールカメラの幾何学性質**

　カメラのフィルムに投影された被写体の大きさや位置は、カメラと被写体の幾何学的関係に起因する。この関係を測量に用いるのが写真測量である。

　例えば、ピンホールカメラの場合は、図5.9のようにカメラの焦点距離fと被写体までの距離L、投影像の高さxと被写体の高さXは比例関係であり、高さが既知の被写体までの距離は、カメラの焦点距離と投影像の高さで求めることができる。

被写体の投影像の関係 $H:h=L:f$
例えば、高さが既知の被写体の撮影した場合の被写体までの距離は
$$L = \frac{f \times H}{h}$$

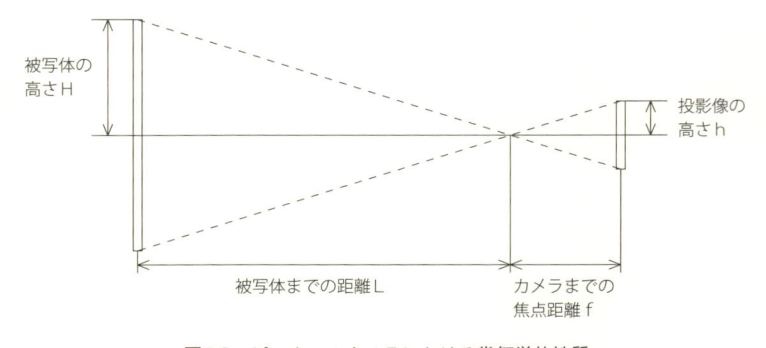

図5.9　ピンホールカメラにおける幾何学的性質

## (2) ステレオカメラの幾何学的性質

　焦点距離、2台のカメラの中心軸間の距離、各カメラの中心軸から投影像までの距離が既知の2台カメラを同じ方向に向けて、測定点を撮影するとその三次元の位置を計算することができる。

　例えば、二次元平面上に2つのカメラの中心軸を平行に並べて撮影すると、図5.10のように測定点Aの二次元座標が求められる。

カメラ①から測定点Aまでの距離

$$L_1 = \left(\frac{R}{\sin\theta_3}\right) \times \sin\theta_2$$

カメラ①の焦点を原点として考える場合、測定点Aの位置は下記の座標xとyで表すことができる。

$$x = L_1 \times \cos\theta_1$$
$$y = L_1 \times \sin\theta_1$$
$$\theta_1 = 90 - \tan^{-1}\left(\frac{P_1}{f}\right)$$
$$\theta_2 = 90 - \tan^{-1}\left(\frac{P_2}{f}\right)$$

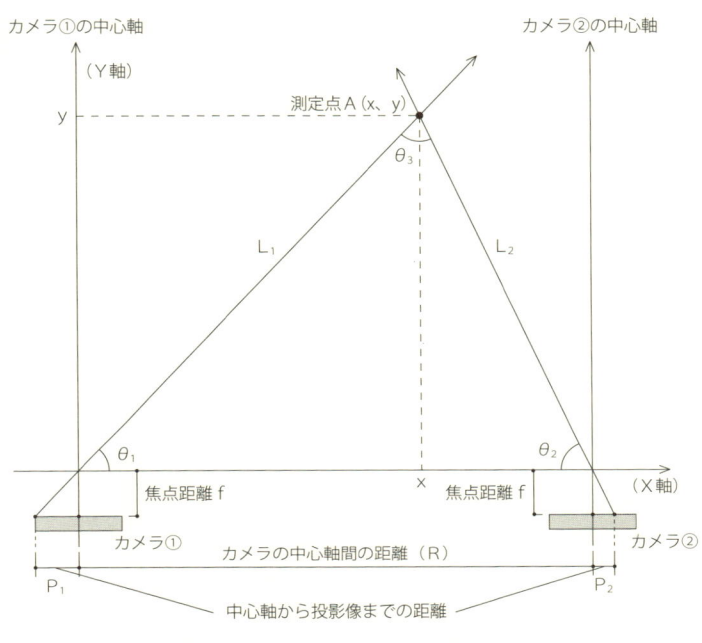

図5.10　ステレオカメラにおける幾何学的性質

## 5.4.2　測定方法

　ステレオカメラによる測定は、カメラのキャリブレーションが必要である。キャリブレーションは正確な測定のために撮影条件を正確に調整する作業であり、内部パラメータと外部パラメータのキャリブレーションがある。

　内部パラメータは、カメラの性能に関わる焦点距離、レンズ歪み、画像の中心座標などである。一般に規則的模様を有するボード（キャリブレーションボードと呼ばれる）を異なる方向から撮影し、写った模様を分析することで求める。測定誤差を少なくするためには、測定直前に行うのが望ましい。

　外部パラメータは、三次元空間におけるカメラの位置と回転およびカメラ間の距離である。一般に撮影する場所に位置が既知のターゲットを複数設置し、写ったターゲットの位置関係を分析することで求める。

　最近は、デジタルカメラの高精度化により、様々な測量への応用が行われている。一般的な現場測量に使用するためには、キャリブ

レーション作業の省力化、撮影手順の標準化、写真分析プログラムの取り扱いやすさなどが必要である。

## 5.5 レーザースキャナーによる三次元測量

### 5.5.1 計測原理

レーザースキャナーは、ノンプリズムトータルステーションによって、遠方にある物体の特定の点の位置座標を光波とその方位角度によって求める原理を使う。物体表面に対して、レーザーを高速パルスで発信し、反射してきたレーザーの波長を解析して、物体表面の膨大な点（点群）の座標を短時間に取得するものである。

> **ポイント**
> **点群データ**：レーザースキャナーで測定したデータを示す名称であり、英語では Point Cloud Data という。

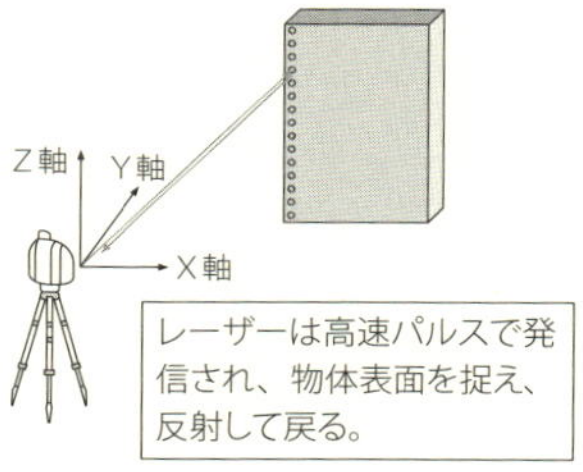

a. 物体表面にレーザーを発信する
レーザーは高速パルスで発信され、物体表面を捉え、反射して戻る。

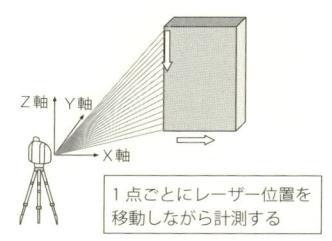

b. レーザーを上下・左右に移動する
1点ごとにレーザー位置を移動しながら計測する

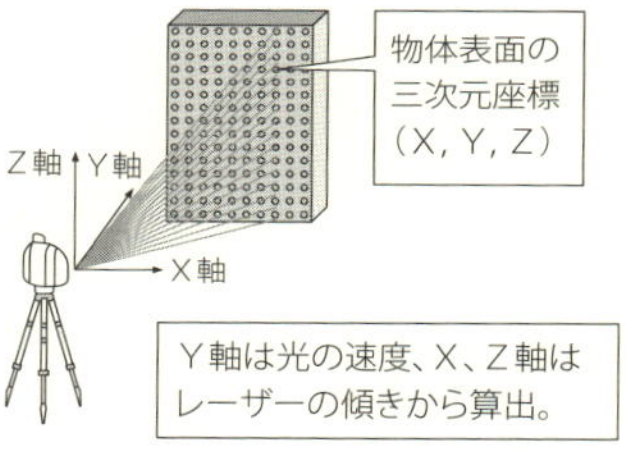

c. 距離と角度で座標を計算する
物体表面の三次元座標（X, Y, Z）
Y軸は光の速度、X、Z軸はレーザーの傾きから算出。

図5.11　レーザースキャナーの測定原理

### 5.5.2 測定方法

レーザースキャナーの測定は、測定対象建物の平面位置と形状を把握し、測定する場所を計画して行う。障害物が多く、複雑な建物は複数回の測定を行って、各データを合成することで、測定の省力化や測定欠落の防止ができる。

測定データは、レーザースキャナーを原点とする座標であり、現場の基準点の座標に変換する場合は、座標が既知の3カ所以上にターゲットを設置して測定を行う。また、複数のデータを合成する場合、各データの共通となる位置にターゲットを設置して計測することで、合成することができる。

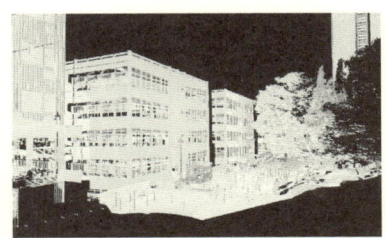

方向1から計測した点群 　　　方向2から計測した点群

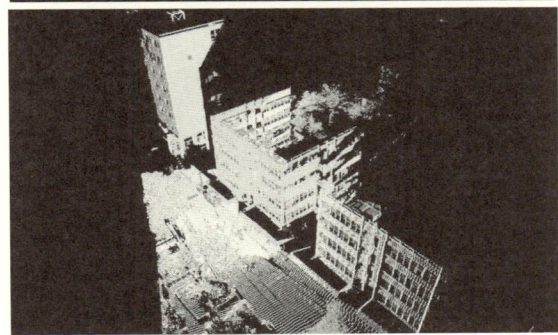

> **ポイント**
> 点群データをコンピューターのモニタに表示するためには専用のプログラムが必要である。点群データの三次元座標にレーザーの反射率のデータ、または対象物の色のRGBデータを付加することで測定結果を見やすく表示することもできる。

計測方向1と計測方向2からの点群を合成して上部から見た点群

図5.12　点群データの測定事例

## 5.5.3 活用における利点と欠点

### (1) 利点
①手の届かない位置にある物体の寸法、形状を計測し、その後に必要な箇所の数値をコンピューター上で求めることができる。
②遠方から配置された物体全体の位置、方向、形状、座標を計測することができる。
③複数の角度から計測することによって、三次元形状を立体的に再現することができる。
④物体の形状や配置が三次元座標の数値で求められるため、各種の解析を行うことができる（たわみの計算、形状の寸法誤差の計算、三次元造形装置による模型の作成、など）。
⑤設計内容を三次元CADでモデル化し、このモデルと実際に工事を行った結果（出来形）を数量的に比較することができる（施工誤差、寸法、精度管理）。

## (2) 欠点

①機器の製造数量が少ないため機器が非常に高価である。また、計測データを整理・解析するソフトウエアも非常に高価である。

②精度が±6mm 程度であり、建築物の正確な寸法、配置を求めるには誤差が若干大きすぎる。高精度型計測スキャナーでは、±0.25mm 程度の精度で計測することができるが、1回で計測できる範囲が小さく（600mm × 600mm 程度）、建築物の部分を計測するにも、5～8回程度計測箇所を変えながら計測してつなぎ合わせる必要がある。

③レーザーが透過したり、拡散・吸収される面についてはその表面形状を計測できない。例えば、ガラス面、金属面、黒い面（黒で文字を書くとその部分は点が欠けてしまう）などが計測できない。

④データの量が膨大であり（1つの建物で数百万点）、一般的にコンピューターでは扱いにくい。

# 6
## 建築工事における測量の実践

## 6.1 建築工事測量の分類

建築工事の測量は、建築物の企画と設計、施工計画、施工、維持と保全の中でそれぞれの目的に応じて分類できる。

### (1) 企画と設計

建設敷地や周辺構造物の位置把握のための実測図が必要である。建築物の平面上の位置関係は、敷地や周辺道路の形、寸法、面積の測量を行い、その角度と距離を表す実測図を作成する。高さ方向の位置関係は、敷地、隣地および周辺道路の水準測量を行い、その高低差を表す実測図を作成する。

### (2) 施工計画

設計図に基づいて建物の位置、高さを決める必要があるため、関係者立会いのもとに道路および敷地境界と建物高さの基準となるベンチマーク（BM）の確認を行う。設計段階において土地の買収が済んでない、旧建物があるなどの理由で十分な測量が行われないまま作成された設計図を用いた場合は、整地が終わり見通しが良くなった状態で再度測量を行う。また、敷地内外の地中埋設物、隣接構造物、敷地周辺の公共施設などの測量を行い、施工計画に反映する。

> **ポイント**
> **BM**：Bench mark の略
> **GL**：Ground Level の略
> **FL**：Floor Level の略

### (3) 施工

①基準点測量

敷地の整地が終わった状態で、建築物位置の基準である通り芯と基準高さを設定するために行う。基準点は、工事終了まで移動や紛失しないよう管理する必要がある。

②墨出し作業

施工図、施工計画図に示された位置、寸法をもとに、通り芯と基準高などを敷地や躯体に墨出しする。躯体工事では、基準墨のほか、型枠建込み用、鉄骨アンカーボルト設置用などの墨出し作業を行う。仕上げ工事では、躯体工事中に墨出しした基準墨から各部材の取付け位置や仕上げ位置を求めて墨出しを行う。

③施工品質の管理

精度基準、計測基準に基づいて製品精度、施工精度の計測を行う。

④工程の管理

施工の数量、寸法の計測を行う。

⑤安全管理

仮設構造物、型枠、鉄骨などの変位計測、地下工事中の山留め計測、周辺地盤、道路、埋設物、隣接構造物（建物、公共施設など）の変位、沈下の計測を行う。

### (4) 維持と保全

古い構造物の保存、移設、再現のための調査や構造体の変形（スラブのたわみ、構造物の傾きなど）、不同沈下などの計測を行う。

## 6.2 施工計画

### 6.2.1 敷地境界の測量

**(1) 敷地の境界杭の測量**

敷地境界は、一般に敷地または道路の境界杭によって表示される。工事に先立って道路管理者、土地所有者、測量士、施工者などの立会いのもとに境界杭を測量し、現地と設計図書の照合を行う。

**(2) 境界杭の管理**

境界杭は、工事中に移動しないように管理する必要がある。しかし、施工条件によっては移動する恐れがある場合、所有者間の立会いのもとに、工事中に絶対移動しない位置に控え杭を設置し、工事完了後元の位置に戻せるようにする。

控え杭は、境界杭からの距離と角度を測定できる複数位置に設置する。

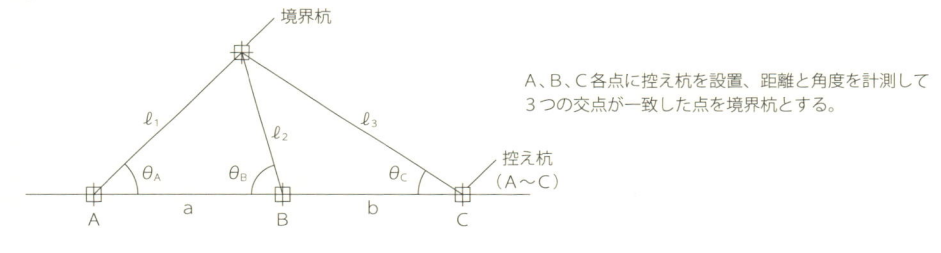

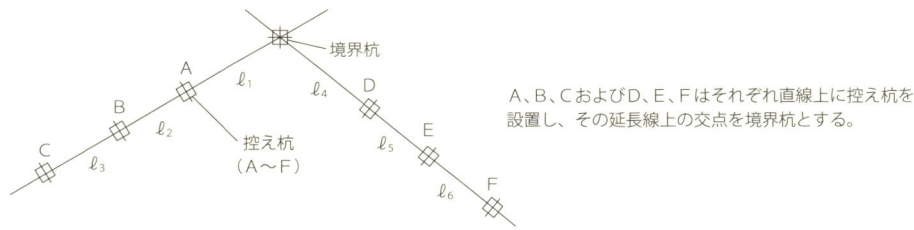

A、B、C各点に控え杭を設置、距離と角度を計測して3つの交点が一致した点を境界杭とする。

A、B、CおよびD、E、Fはそれぞれ直線上に控え杭を設置し、その延長線上の交点を境界杭とする。

図6.1 控え杭による境界杭の管理

### 6.2.2 敷地周辺の測量

**(1) 地中埋設物の計測**

古い構造物の基礎、配管類などの敷地内の埋設物の調査は既存の資料に基づき試掘を行い、位置、寸法などの確認をして図面化する。

敷地周辺の埋設物としては道路埋設物がある。一般にそれぞれの管理者（上下水道、電話、ガス、電気など）から必要な資料を取り寄せ、現地で位置、寸法や道路面の高さの計測をして図面化する。主なものとしては、下水管、マンホール、給水管、止水栓、ガス管、ストップバルブ、電気ケーブル、ハンドホール、共同溝、地下鉄、高速道路柱脚、鉄道用柱脚などがある。

### (2) 公共施設の計測

計測対象としては、道路交通関係として交差点、信号機、各種交通標識、横断歩道、陸橋、安全地帯、ガードレール、バス停留所などがあり、緊急時の施設としての消防車出入口、救急車出入口、火災報知器、消火栓などがある。その他のものとして公衆電話ボックス、ポスト、電柱、街路樹、架空電線類、地下鉄通風口、共同溝出入口などがある。

### (3) 隣接構造物の計測

隣接構造物に対し、工事に起因するひびわれなどの発生か否かを判断する資料を得るための調査である。隣接構造物の位置、基礎の仕様、構造体の状況（ひびわれなど）、仕上げ材のひびわれ、剥離状況、建物のレベル、傾き、外部土間などのひびわれ、沈下状況などを工事着手前に計測と写真撮影して記録する。

## 6.3　基準点測量

### (1) 地縄張り

建物の位置確定は、整地された敷地で建物の外壁線の位置を求め、出隅、入隅の各コーナーに木杭を打ち込み、縄あるいは石灰で建物の位置を示して行う。

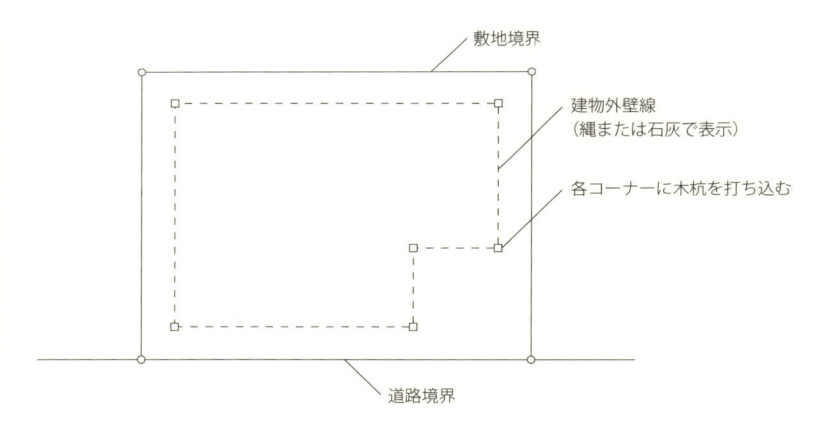

図6.2　建物外壁線の表示方法

### (2) ベンチマークの設置

建物の高さの基準となるベンチマーク（BM）は、設計図の基準の高さ（GL ± 0）を基準に工事中に沈下移動する恐れのない位置（堅固な構造物など）に複数箇所設ける。その高さは GL + 1,000mm などと表示をする。

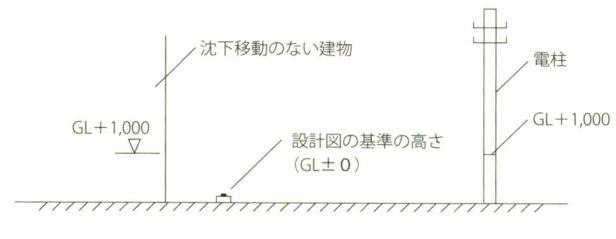

図6.3 ベンチマークの設置方法

### (3) 通り芯の設置

地縄張りによって最終的に建物外壁の位置が決定されると、次に建物の通り芯を求めるための測量を行う。通り芯の先端の位置を示すのが基準点であり、基準点は通り芯の延長線上で工事中移動の恐れのない位置に設ける。一般に道路面や隣接構造物の壁面などが利用される。

住宅など小規模な工事の場合、水盛遣り方を設置し、通り芯、壁芯および建物の高さの基準を表示する。また、遣り方杭の頭をいすか切りにして、衝撃が加わり位置が移動したかどうかを先端の形状の変化ですぐ発見できるようにしている。

> **ポイント**
> **水糸**：0.6～0.9mm程度の黄色のポリエチレン製糸が使われ、高さや通りを表示するために用いられる測量機材。

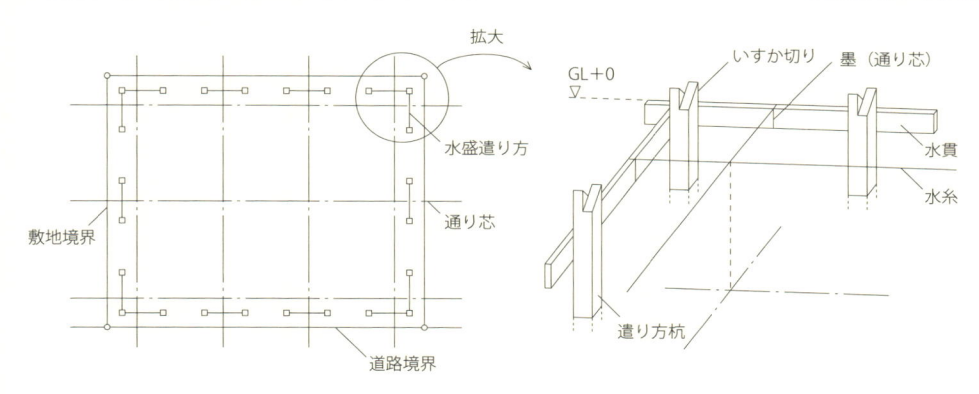

図6.4 水盛遣り方の設置方法

#### ①通り芯設置前の確認事項

敷地および道路境界線は直角で交わるとは限らないため、設計図書に示された建物の通り芯がどの境界線からの寸法であるか確認する。道路に面した建物の場合、一般に道路境界線と平行に配置されることが多い。

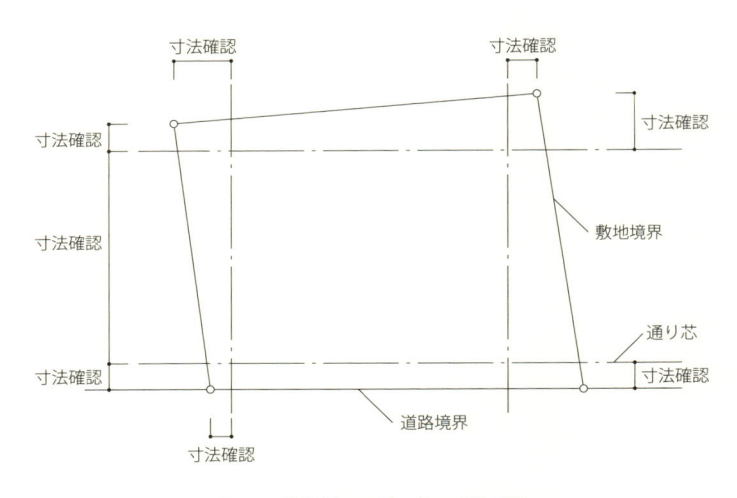

図6.5　境界線から通り芯の寸法確認

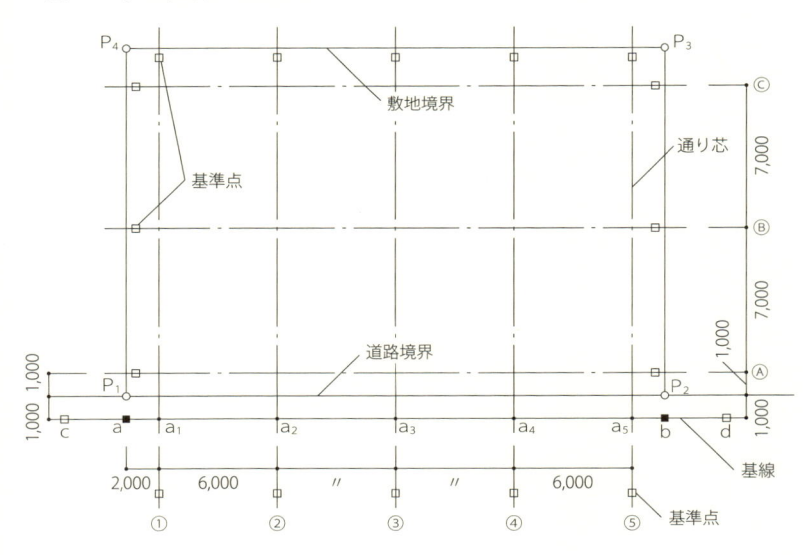

②通り芯の設置手順

通り芯の設置手順を、図6.6の事例を利用して下記に示す。

手順1）道路境界線と平行な基線を求める

まず、境界杭の点$P_1$、点$P_2$から道路境界線と直角方向に巻尺でそれぞれ1,000mmを測り点a、点bとする。次に、点aにセオドライトを設置し、点bを視準して水平角を00°00′00″にする。点bの延長上の点dを求め、水平軸を中心に望遠鏡を180度回転させて点cを求め直線の墨を打つ。

図6.6　通り芯の設置手順

手順2）道路と直角方向の①通り芯を求める

直線ab上に点aから2,000mm、8,000mm、14,000mm、20,000mm、26,000mmの位置を巻尺で計測し、印（点$a_1$～点$a_5$）を付ける。そのあと、点$a_1$にセオドライトを設置し、点bを視準して水平角

を00°00′00″にする。セオドライトを90度、270度回転し直線ab と直角方向の基準線点の位置を求めて①通り芯とする。①通りの直線上に点$a_1$から2,000mm、9,000mm、16,000mmの位置を巻尺で計測し、それぞれの位置に木杭を打ち込み、その天端にⒶ、Ⓑ、Ⓒ通りとの交点の印を付ける

手順3）道路と直角方向の⑤通り芯を求める

点$a_5$にセオドライトを設置し、点aを視準して水平角を00°00′00″にする。そのあと、セオドライトを90度、270度回転し基準点の位置を求めて⑤通り芯とする。⑤通り芯の直線上に点$a_5$から2,000mm、9,000mm、16,000mmの位置を巻尺で計測し、それぞれの位置に木杭を打ち込み、その天端にⒶ、Ⓑ、Ⓒ通りとの交点の印を付ける

①通り芯Ⓒ通り芯の交点と⑤通り芯Ⓒ通り芯の交点の距離を巻尺で計測し、24,000mmになることを確認する。誤差が生じた場合は計測をやり直す。①通り芯Ⓒ通り芯の交点にセオドライトを設置し、①通り芯とⒸ通り芯が90度になることを確認する。同様に⑤通り芯Ⓒ通り芯の交点にセオドライトを設置し、⑤通り芯とⒸ通り芯が90度になることを確認する

手順4）Ⓐ通り芯を求める

①通り芯Ⓐ通り芯の交点にセオドライトを設置し、⑤通り芯Ⓐ通り芯の交点を視準して水平角を00°00′00″にする。6,000mm、12,000mm、18,000mmの位置を巻尺で計測し、それぞれの位置に木杭を打ち込み、その天端に②通り芯、③通り芯、④通り芯の交点の印を付ける

手順5）Ⓒ通り芯を求める。Ⓐ通り芯と同様に求める

手順6）②、③、④通り芯およびⒷ通り芯を求める

同様に各交点にセオドライトを設置し、もう一方の交点を視準して求める

手順7）基準点を設置する

各通り芯を示す基準点を通り芯の延長線上の両端に設置する。一端は地盤面とし、セオドライトが基準点上に設置できるようにする。もう一端はセオドライトから視準できる垂直な壁面でもよい。

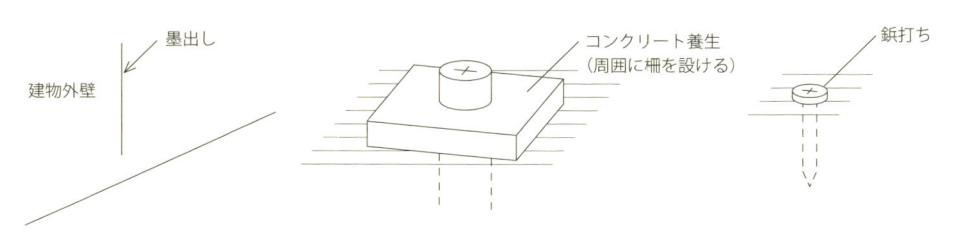

図6.7　基準点の設置方法

③基準点が視準できない場合の通り芯

　工事の進捗にともない、基準点にセオドライトを設置することが

できない場合、あるいは基準点に設置できても障害物があって、もう一方の基準点を見通すことができない場合の通り芯の設置は下記の4つの方法を用いる。

ⅰ）基準点を移動させて通り芯を求める

セオドライトが見通しできる位置に基準点A、Bを平行移動して、逃げ杭を設置し返り墨を出す。

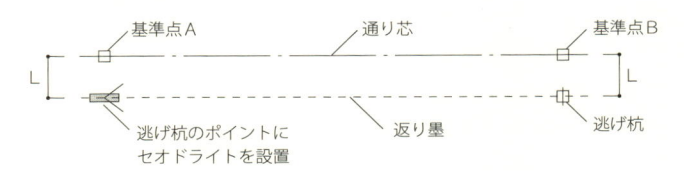

図6.8　逃げ杭による通り芯の設置

ⅱ）基準点の後方にセオドライトを設置し通り芯を求める

基準点A、Bのほぼ延長線上に点C'を決めてセオドライトを設置し、点Bに合わせた状態で点A'を求めて$\overline{AA'}$の寸法eを測る。計算により点C'から基準点A、Bの延長線上の点Cの位置を求め、セオドライトを設置して、通り芯を求める。

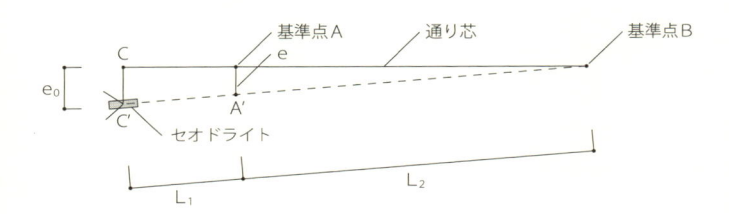

$$e_0 = e \times \frac{L_1 + L_2}{L_2}$$

図6.9　基準点の後方からの通り芯の設置

ⅲ）基準点間にセオドライトを設置し通り芯を求める

基準点A、Bを結ぶ直線上に点C'を求めて、Bまでの距離を測定する。点C'にセオドライトを設置して点Bを視準する。望遠鏡を反転させ点A'を視準し、$\overline{AA'}$の寸法eを測る。計算により点C'から基準点A、Bを結ぶ直線上の点Cの位置を求め、セオドライトを設置して通り芯を求める。

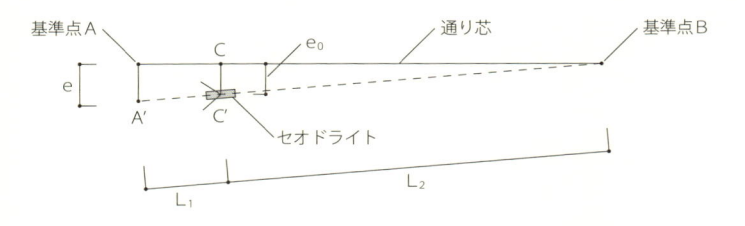

$$e_0 = e \times \frac{L_2}{L_1 + L_2}$$

図6.10　基準点間の位置からの通り芯の設置

ⅳ）基準点の中央にセオドライトを設置し、通り芯と平行な線を求める

基準点 A、B 間の距離を測定しその中間点 C を求める。点 C にセオドライトを設置し点 A を視準する。望遠鏡を反転させ点 B' を視準し、点 B との寸法 e を測定する。望遠鏡を水平回転させ点 B と点 B' の中間 B" を視準する。望遠鏡を反転させ点 A' を視準し、A 点から e/2 の位置の点 A' の位置を求め、通り芯と平行な線 $\overline{A'B''}$ を求める。

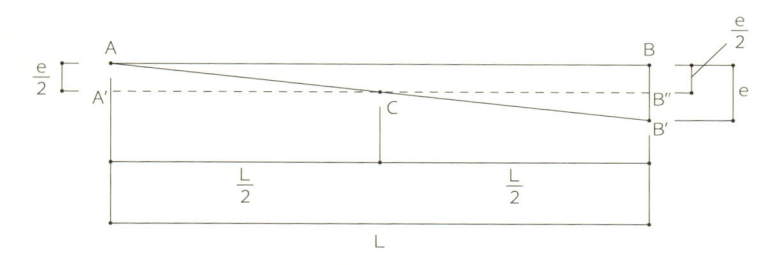

図6.11　基準点の中央からの通り芯の設置

## 6.4　墨出し作業

**(1) 作業前の準備**

①墨出し作業責任者の選任

　墨出しの正確さと統一性の確保のため、墨出し作業専任者を選定する。通常2人1組で墨出し作業に専従させる。

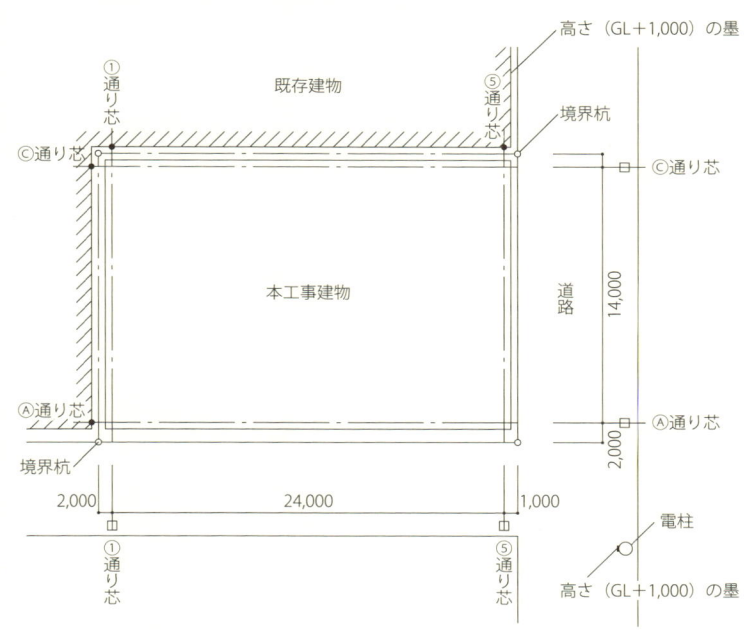

図6.12　墨出し基準図の事例

②基準図の作成

　敷地境界線、建物の通り芯、逃げ墨、高低関係における基準 GL、

基準FLなどのベンチマーク（BM）の位置などを計画し、墨出し基準図を作成する。

③使用機器の取扱い

使用する測定機器は、定期的に整備・点検を行い、機器誤差が生じないようにする。

④作業計画

安定した作業環境で、常に誤差が最小限になるよう計画して行う。繰り返し測定を行うなど、墨出しミスを防ぐ作業手順を計画する。

⑤表示方法の統一

誰が見てもわかるよう統一した表示方法で墨出しを行う。文字や数字の書入れも必要に応じて行う。ペンキやスプレーを併用するとさらに見やすくなる。

表6.1 墨出しの種類別表示方法

| 種　類 | 記　号 | 種　類 | 記　号 |
|---|---|---|---|
| 陸　墨 | ▽ FL+1,000 上り | 消　し　墨<br>（墨の取り消し） | ✕ |
| 芯　墨 | ⌇ | 限　界　墨<br>（厚さの表示） | ├─┤ 150 |
| 返　り　墨<br>逃　げ　墨 | 芯墨より200逃げ　仕上面より100返り | 隅　表　示 | 出隅　入隅 |
| にじり墨<br>（墨の訂正） | ← 正しい墨 | 開　口　部 | ⊠ |

## (2) 墨出しの種類

①基準墨

建物の通り芯およびベンチマークからの一定の位置を示す墨がある。取付け作業の基準になるので、必ず検査を行い間違いないことを確認する。平面における基準墨は、通り芯から1m逃げ（逃げ墨）を原則とし、高さは各階基準から1m（陸墨）を原則とする。

②子墨

コンクリート寸法図（躯体図）に従って基準墨から、柱、壁、開口芯、開口幅の位置を求め、コンクリート床面にその輪郭を示す墨である。高さは柱鉄筋建込み後、柱主筋の四隅に基準から高さ1mの位置にビニールテープなどを用いて表示するのが通常である。コンクリート床面の子墨は、型枠検査や仕上げ工事用の墨出しに利用されるため、コンクリート打設後に隠れるものは引き伸ばして墨打ちする。

③仕上げ墨

仕上げ施工図に従って基準墨から仕上げ材の取付け位置を求め、コンクリート面にその輪郭を示す墨である。高さは陸墨から寸法を測って位置を決める。

## (3) 墨出し用工具

墨出しには、測量機器としてレベル、セオドライト、鋼製巻尺などを用いる。その他の道具として、墨壺、墨差し、さしがね（曲尺）、水準器、標尺などを用いる。

### ①墨壺、墨差し

床面になどに直線の墨を打つために必要な道具である。1700～1800年前、中国大陸から伝えられたものがわが国の始めとされている。基本的な形は現在のものとほぼ同じであり、1本の木を彫り出して造られている。現在では合成樹脂製のものが多い。墨汁を含ませた綿の間をくぐらせた糸の両端を押さえ、糸の中間を指ではじいて直線を描く。墨を打つ対象物によって朱墨、白墨なども使われる。

墨差しは竹製で測点の印を付けたり、文字を書いたりする道具である。

写真6.1　墨壺

### ②さしがね（曲尺）

直線、直交線、平行線、勾配線を引いたり、30cm以内の長さを測っ

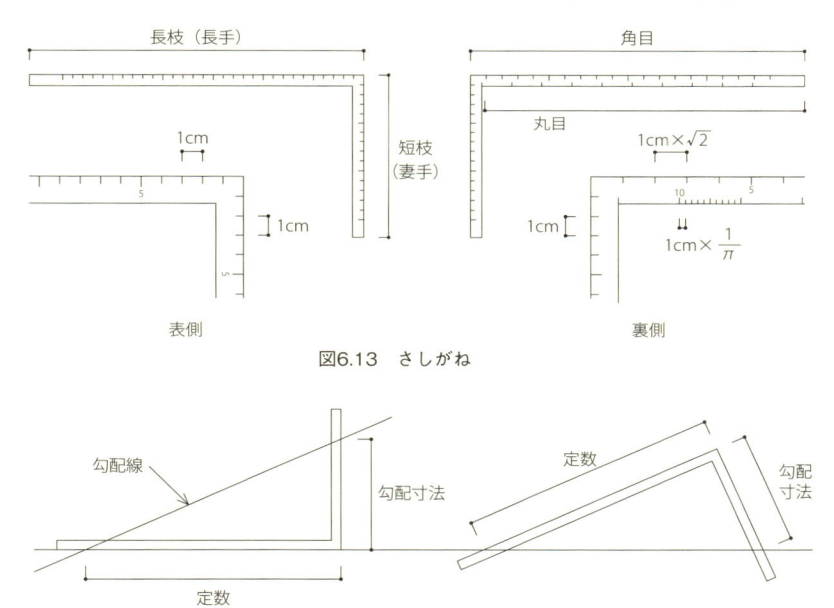

図6.13　さしがね

勾配の測り方

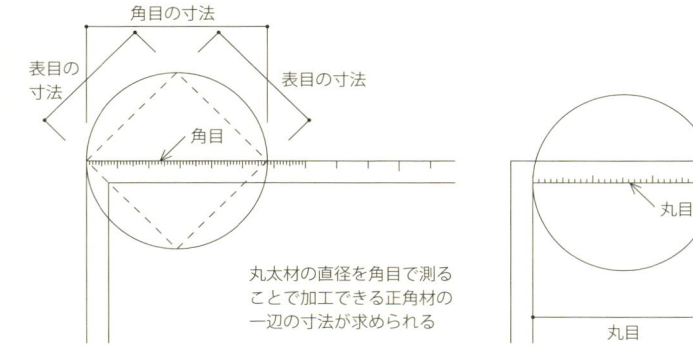

図6.14　さしがねの使用方法

丸太材の直径を角目で測ることで加工できる正角材の一辺の寸法が求められる

円の直径を丸目で測ることで、円周長が求められる

たりする道具として墨壺と同様、古くから使われている。木造建築では特に欠かせない道具であり、さしがね術、規矩術として発展した。現在、市販されているさしがねの目盛はセンチ目（メートル単位）表示と尺目（尺単位）表示がある。さしがねには表側、裏側共目盛が刻んであるが、裏側に特殊な目盛（特目）の付いたものもある。この目盛は実目盛を $1/\pi$ 倍（丸目）あるいは $\sqrt{2}$ 倍（角目）したものであり、木造建築の各部の寸法の割出しや算出がこの目盛を使ってできるようになっている。

③標尺

レベルを使って水準測量を行うときに使われる道具で、木製、アルミ製、強化プラスチック製、グラスファイバー製のものがあり、伸縮できるようになっている。目盛は2mm、5mm、10mm単位のものが多く、中間は推読により読み取る。そのほか木製の小幅板状のものにスケールを張り付けたもの、あるいはスケールで計測した位置に印を付けたものが使われている。

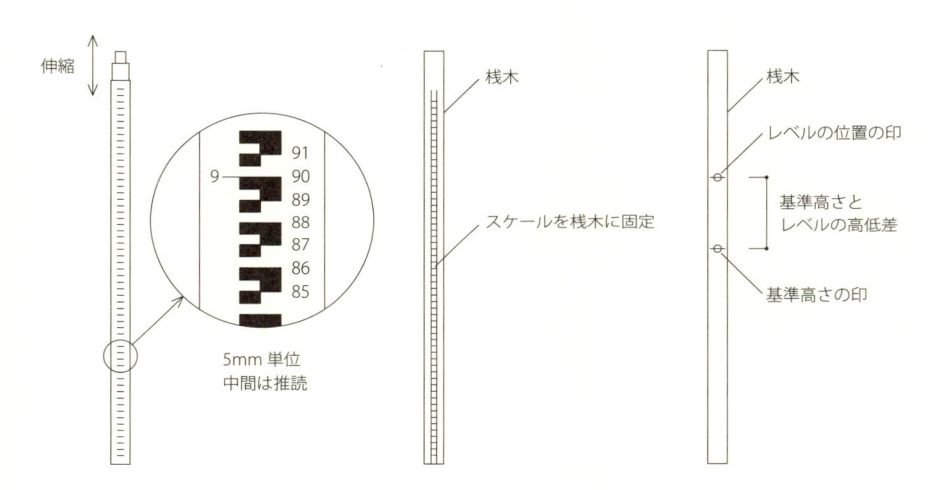

図6.15　標尺の種類

## 6.5 杭工事

### 6.5.1 杭芯の墨出し

杭伏図をもとに地盤面に杭芯の墨出しを行う。以下にその手順を示す。

(1) 杭天端は GL-1,800
(2) GL-　　　の場合は内数値は杭天端を示す
(3) ○ 杭径　1300φ
　　　杭先端　GL-25,000
　　⊗ 杭径　1200φ
　　　杭先端　GL-25,000
　　◎ 杭径　1000φ
　　　杭先端　GL-25,000

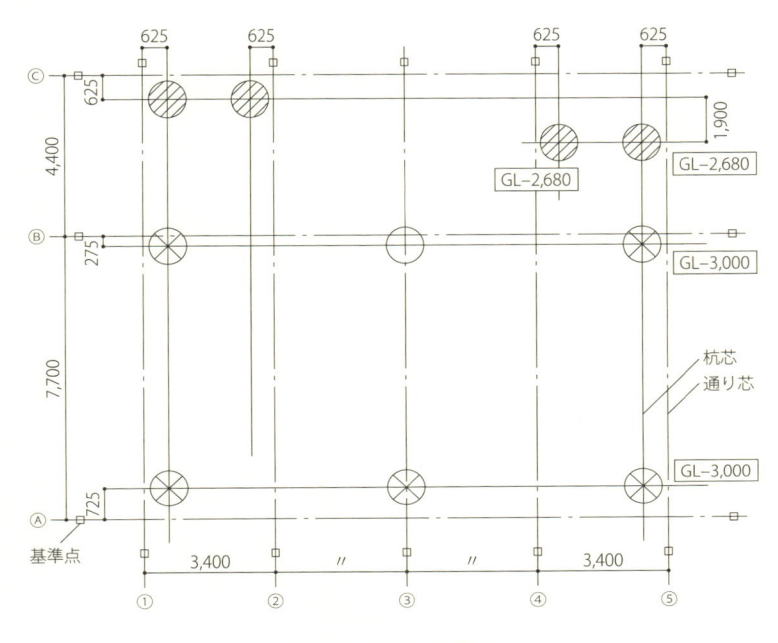

図6.16　杭芯の設計図

手順1）Ⓐ通り芯の基準点にセオドライトを設置し、もう一方の基準点を視準しセオドライトの望遠鏡をⒶ通りの芯に合わせる
手順2）Ⓐ通り杭位置の両側に1本ずつ木杭を打ち込んでセオドライトを視準しながら、天端にⒶ通り芯の印を付ける
手順3）ⒷとⒸ通り芯も手順2）と同様に行う
手順4）①通り芯も手順2）と同様に木杭を設けて印を付ける
手順5）②、③、④、⑤通り芯も手順4）と同様に行う
手順6）Ⓐ通りを示す木杭から杭芯までの距離725mmを測り、Ⓐ通りの杭それぞれの杭芯の逃げ杭を打ち込む
手順7）Ⓑ、Ⓒ通り芯の逃げ杭を手順6）と同様に行う
手順8）①、②、③、④、⑤通り芯に対しても、逃げ杭を打ち込み、杭芯の位置を4つの逃げ杭に張った水糸で示す

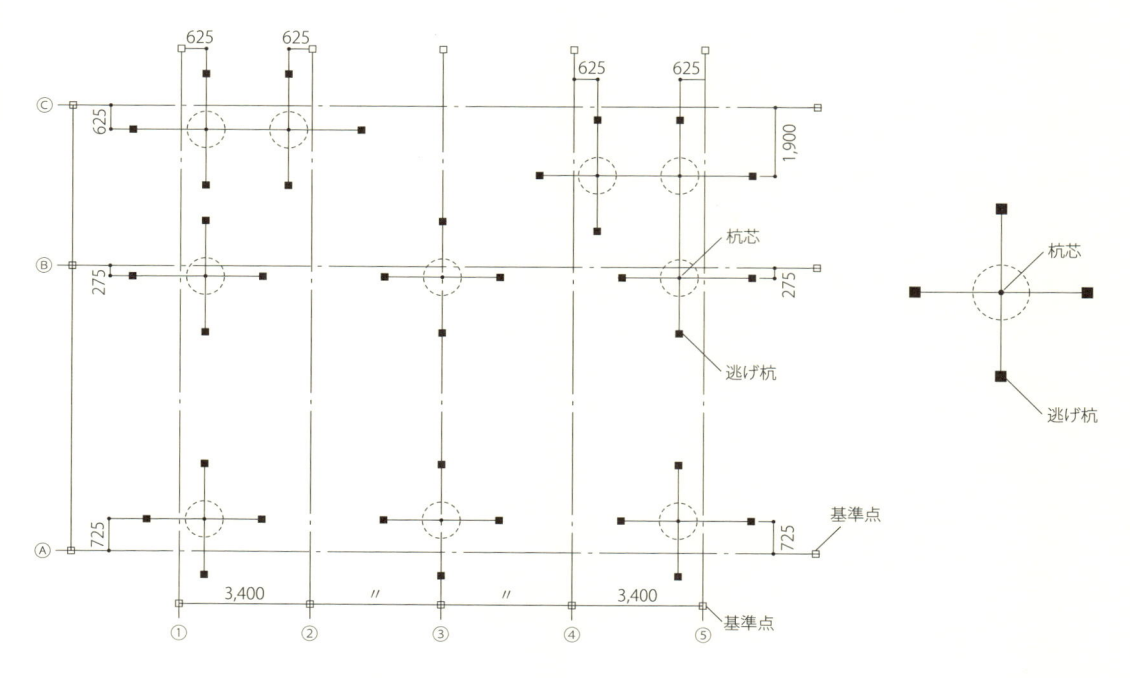

図6.17　杭芯の逃げ杭の設置

## 6.5.2 施工中の計測

杭位置が許容値以上ずれると構造上問題が生じるため、施工中は、杭位置の精度を確保するために常時計測管理を行う。

計測管理の主なものを以下に示す。

### (1) 杭の平面位置の測定

杭打設前に、杭を固定するスタンドパイプが杭芯からずれていないかどうか逃げ杭を基準に寸法確認を行う。

> **ポイント**
> トータルステーションを利用すれば、施工中杭芯を見失っても短時間に正確に杭芯を復帰できるため、多くの現場で採用されている。

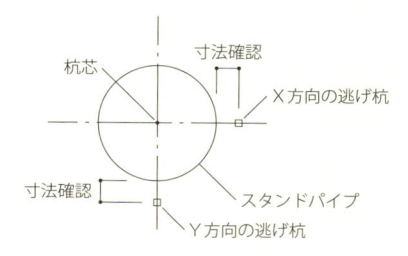

図6.18　逃げ杭からの杭芯位置の寸法確認

### (2) 杭の鉛直性の測定

二方向からセオドライトや下げ振りを使って鉛直性を確認する。一般に鉛直性の許容値は杭の長さに対して1/100以下（目標1/200）とする。場所打ち杭の場合は、掘削孔の鉛直性、掘削孔の直径を確認する方法として超音波を利用した専用の計測器械を使うときもある。

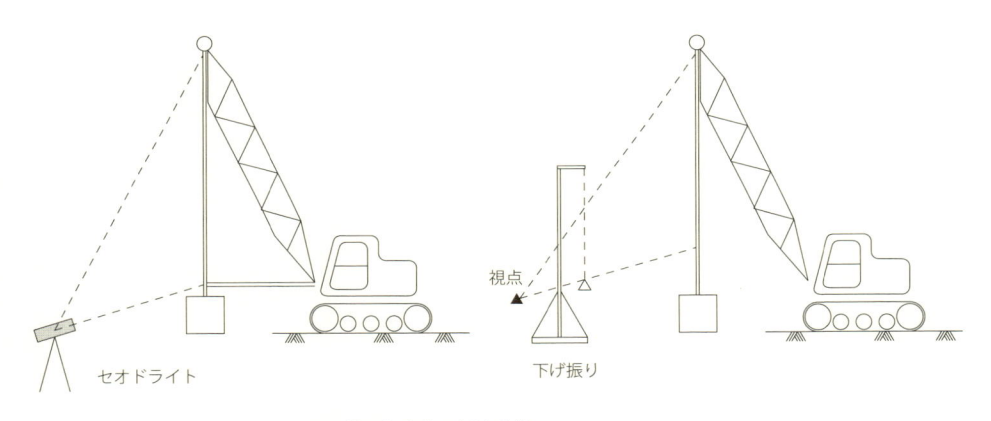

図6.19　杭の鉛直性の測定方法

## (3) 杭先端の深さの測定

　杭先端が地中の所定位置に到達したかどうかを確認するため、レベルを使って計測する。場所打ち杭の場合は、掘削孔の中に検尺テープ（目盛のついたテープの先端におもりがついたもの）を挿入し、レベルでテープの目盛を測って深さを測定する。

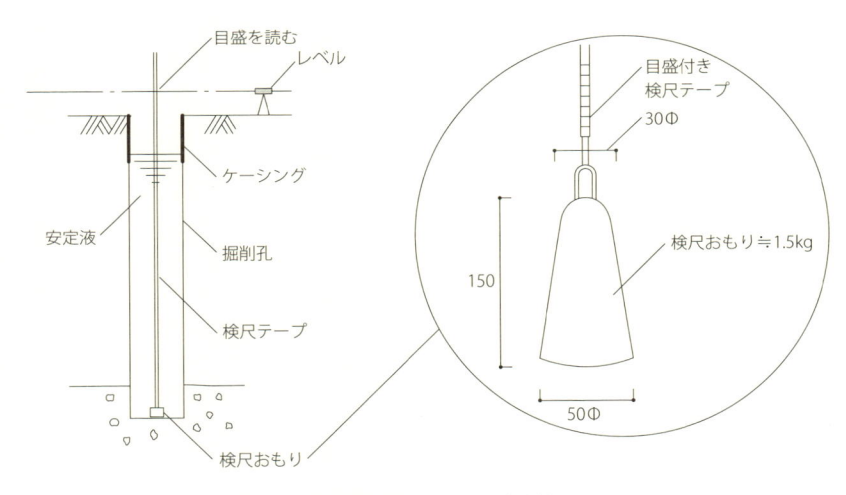

図6.20　場所打ち杭の深さの測定方法

　中掘り工法は、既製杭の中空部にオーガーを挿入し、先端地盤を掘削しながら杭を打ち込む工法であり、既製杭に目盛をマーキングしておき、レベルで目盛を測って深さを測定する。プレボーリング工法による既製杭打込みは、オーガー部分に目盛をマーキングしておき、レベルで目盛を測って掘削深さを測定する。

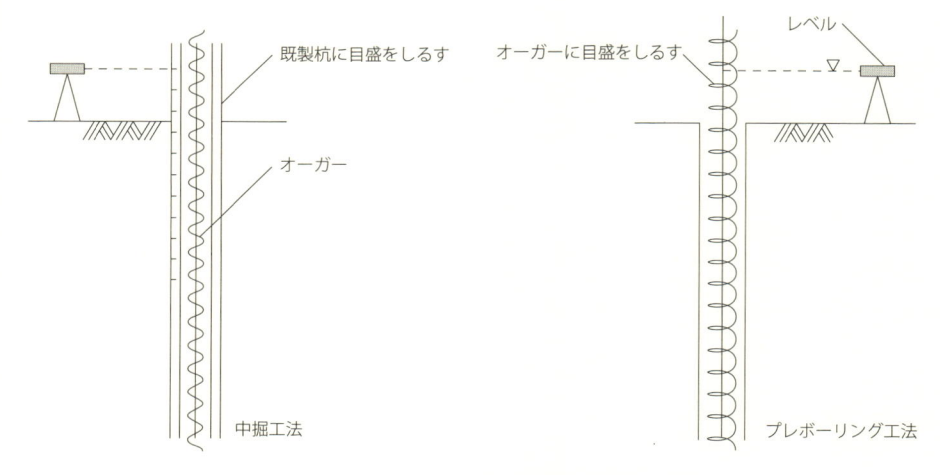

図6.21　中掘工法とプレボーリング工法における掘削深さの測定方法

### (4) 杭天端の高さの測定

　場所打ち杭の場合、所定の深さまで掘削完了後、掘削孔内に鉄筋を挿入し、コンクリートを打設する。コンクリート打設中、コンクリートがどの位置まで上がってきているかを確認するため、掘削中と同じように検尺テープを使ってコンクリートの天端を計測する。コンクリートの打設は、設計杭高さよりも 50〜100cm 程度余分に行い、後で斫り取るようにしている。したがって、コンクリートの天端測定は余盛り高さを考慮しなければならない。

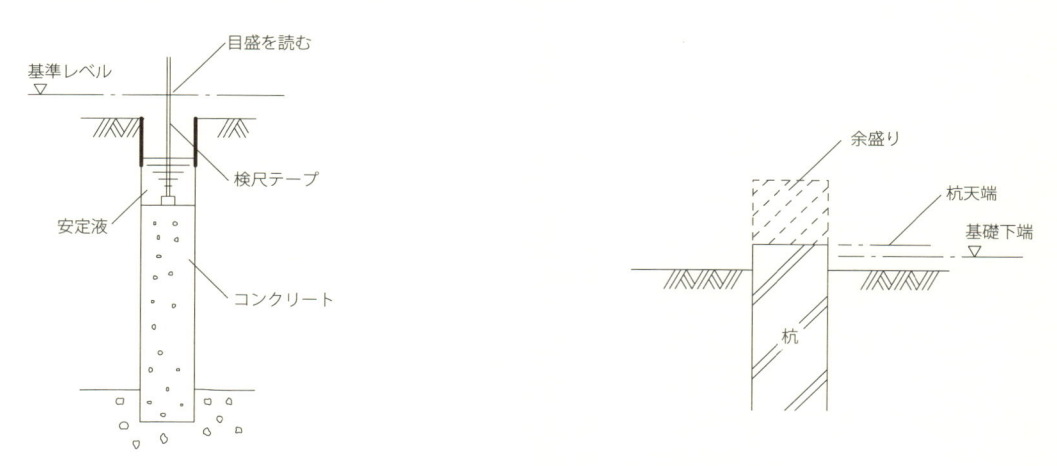

図6.22　場所打ち杭の杭天端の高さの測定方法

## 6.5.3 施工後の計測

### (1) 杭天端の高さ位置の墨出し

　杭工事後、所定の深さ近くまで掘削したら、杭頭の側面に設計高さ位置の墨出しを行う。墨は見やすいように油性ペンまたはペンキなどではっきりと表示し、余盛り部分の斫り作業をしやすくする。

## (2) 杭の位置ずれの計測

基礎の墨出し終了後、杭位置の計測を行う。杭位置は、打設中十分な寸法管理を行った場合でも、施工誤差による位置ずれが生じることがある。一般に、位置ずれの許容値は 10cm 以下かつ杭径の 1/10 以下とされているが、基本的には設計者の指示により対応しなければならない。

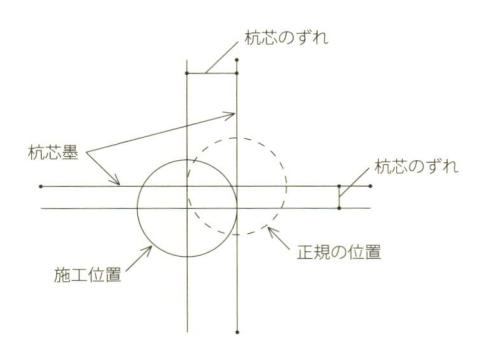

図6.23　杭芯墨に対する杭芯のずれ

# 6.6　土工事

## 6.6.1 法切り工法の墨出し

### (1) 掘削位置の計測

法切り工法は、作業の安全性と作業性を考慮し、土質と掘削深さに応じた法勾配と法尻、法肩の位置を決める。一般に法尻と法肩の位置は、基準点から測定した延長線上に木杭を打ち込んだ後、石灰でラインを引いて表示し、掘削中にそのラインチェックしながら作

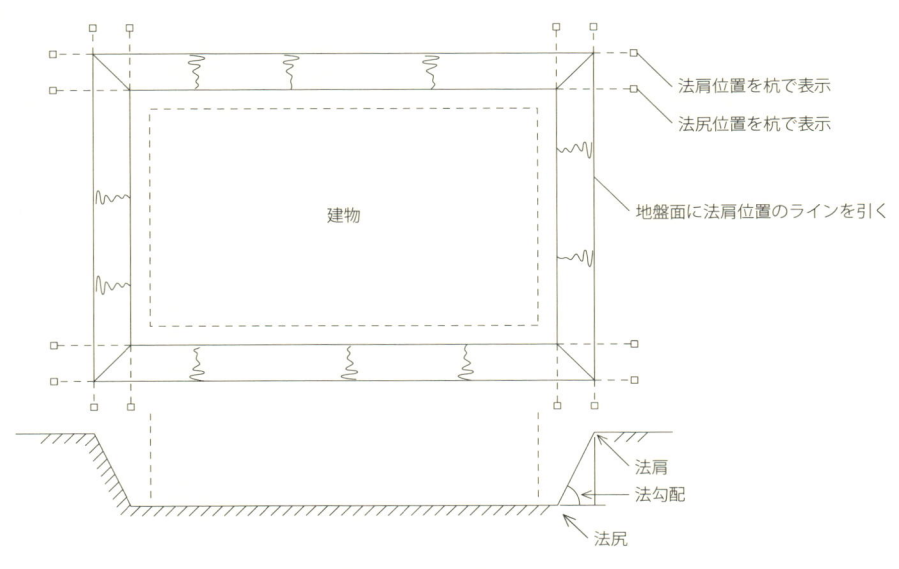

図6.24　法切り工法における墨出し

業を進める。

### (2) 掘削深さの計測

掘削作業は、レベルを視準しながら作業を進めて、所定の掘削深さ近くに達すると掘削地盤面に木杭を打ち込み、基礎下の捨てコンクリート天端、砂利敷き天端の位置出しをする。掘削地盤面の高さの管理はその都度レベルで視準するか、打ち込んだ木杭を基準に水糸を張って管理する。

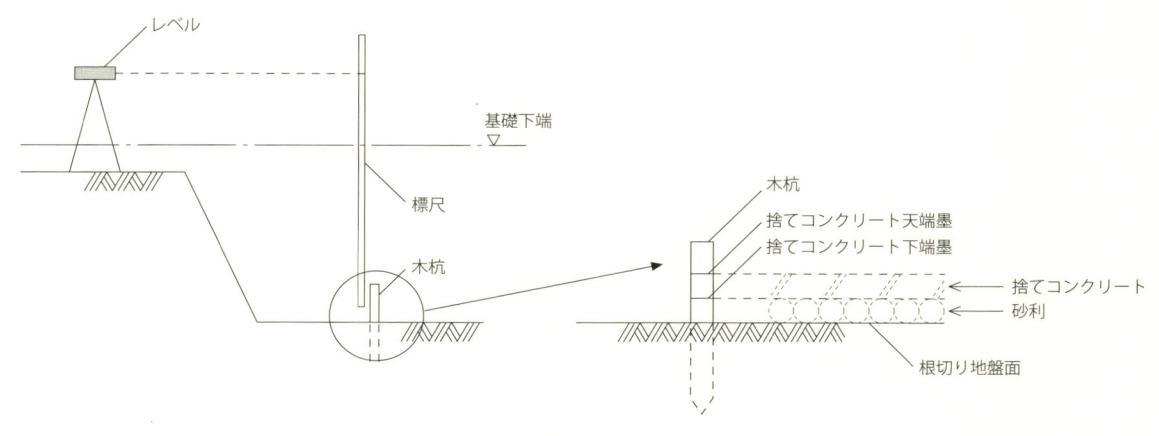

図6.25　法切り工法における掘削深さの計測

## 6.6.2 山留め壁の墨出し

### (1) 設置位置の計測

山留め壁の位置は、建物の通り芯を基準に地下躯体の外壁線の位置を求め、その外側にある程度の余裕寸法を見込んで決める。余裕寸法は山留め壁の打込み精度と山留め壁の土圧による変形を考慮して求める。通常、打込み精度は打込み深さの1/200程度、土圧による山留め壁の建物側への変形は10〜30mm程度とするため、山留め壁の位置は地下躯体の外壁線より外側にその寸法を見込んで決める。また、隣地および道路境界との間隔を確認し、山留め壁の打込

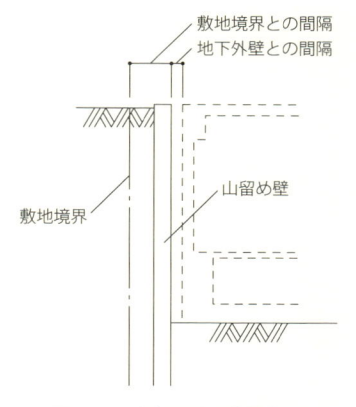

図6.26　山留め壁の設置位置

みが可能かどうかをチェックする。通常、山留め壁芯と隣地境界との間隔は300mm以上とするが、山留め壁の打設工法、打設機械により施工可能寸法が異なるため注意を要する。

**(2) 設置位置の墨出し**

山留め壁の位置は、通り芯から寸法を測って木杭などを打ち込んで表示する。表示された木杭に合わせ打設間隔を墨出しした H 形鋼などの定木を置いて、それを定規とし山留め壁を打設する。

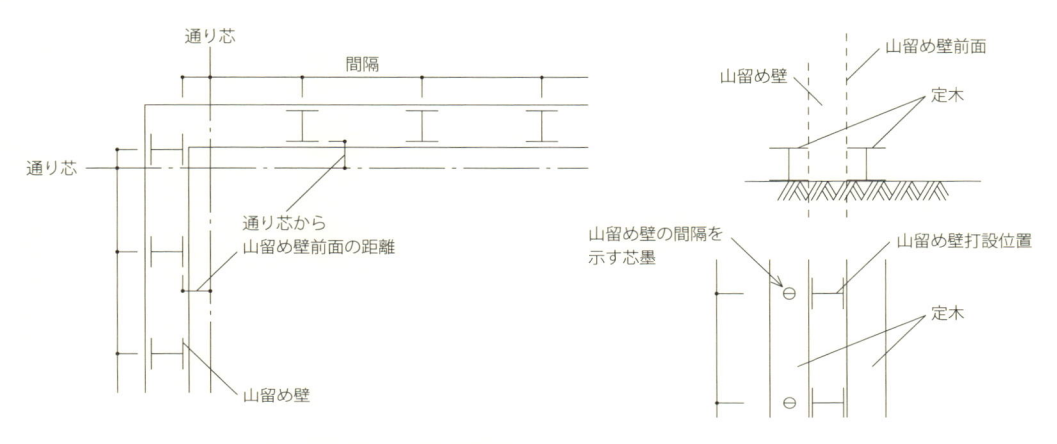

図6.27　山留め壁の設置位置の墨出し

**(3) 山留め壁施工中の計測**

①鉛直精度の計測

山留め壁の鉛直精度は、打込み機械と打込み部材を二方向からセオドライトまたは下げ振りを使って計測して確認する。

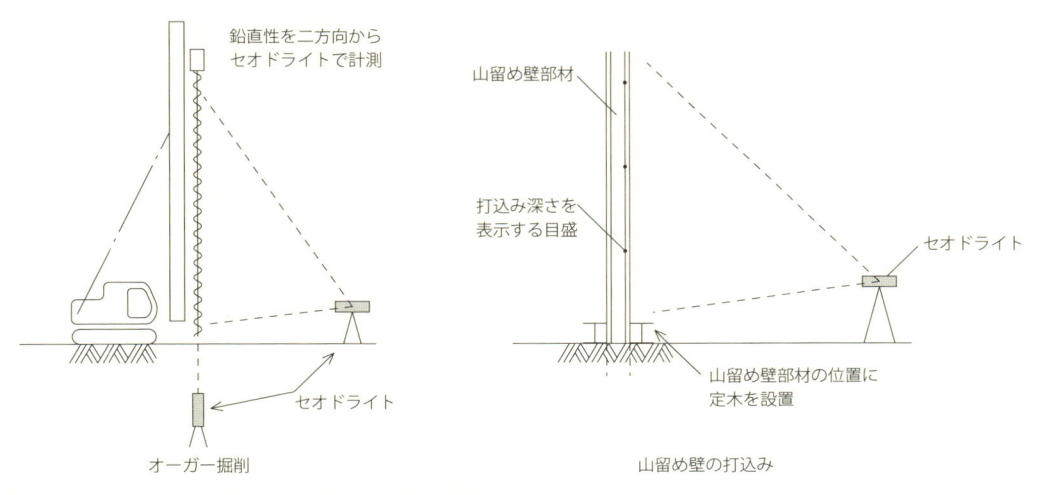

図6.28　山留め壁の鉛直精度の計測

②打込み深さの計測

　山留め壁の打込み深さが所定寸法より短いと、最終掘削地盤面からの根入れ深さが不足する原因となる。打設工法の場合は、あらかじめ打込み部材にペンキなどで目盛を付け、目盛の位置により打込み深さを確認する。オーガー掘削による場合は、オーガーに所定の掘削深さをマーキングしておき、オーガー先端の位置を確認する。

### (4) 山留め設置後の計測

　安全確保と、近接構造物、周辺道路、地中埋設物（上下水道、ガス、電気、電話など）への影響を把握するために、掘削前から地下躯体が完了するまでの期間、計測管理を行う。

①山留め壁の水平変位の計測

　山留め壁頭部の水平変位の計測は、山留め壁の比較的変位の少ない四隅に基点を設け、セオドライトまたはピアノ線を張って計測する。大規模工事の場合は山留め壁に傾斜計を設置して計測を行うこともある。

> **ポイント**
>
> **ピアノ線**：炭素鋼でつくられた0.4～0.5mm程度の太さの金属線。測定面の両端に固定し、ターンバックルで緊張し、芯出し、面の出入りの測定に利用される測量機材。

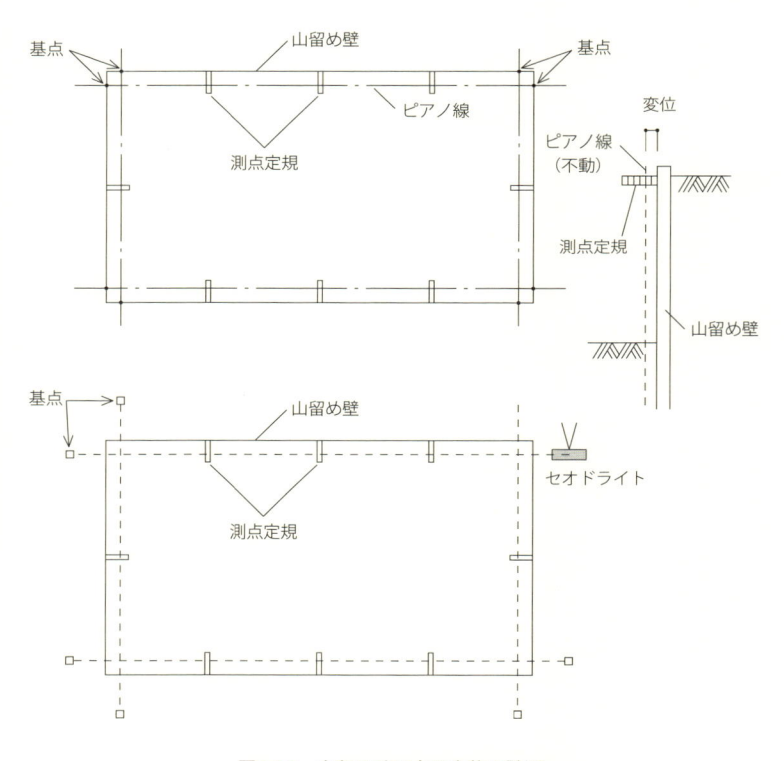

図6.29　山留め壁の水平変位の計測

②周辺地盤および地中埋設管の沈下の計測

　掘削工事を開始する前に周辺道路、地盤面に測定点を設置し、レベルを使って地下躯体工事が完了するまでの期間、沈下測定を行う。また、地盤面に亀裂が発生したときには、その進行状況も計測する。

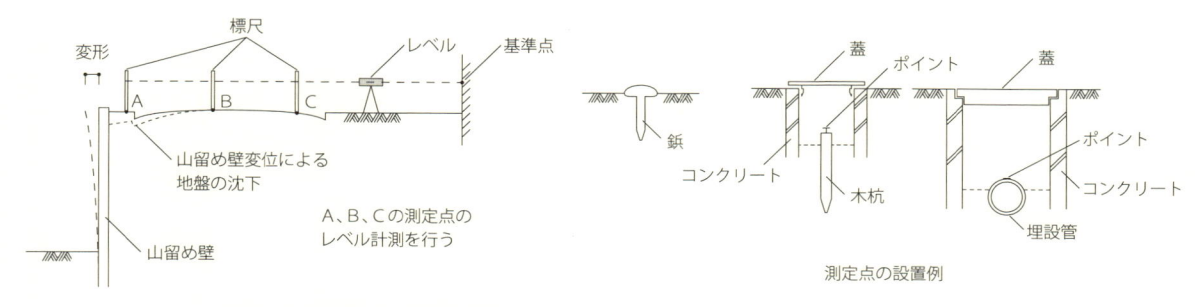

図6.30　工事中の周辺地盤の沈下の計測

### ③隣接構造物の変位の計測

隣接構造物の沈下は、構造物の四隅に測定点を設け、レベルもしくはウォーターレベルを使って、掘削工事を開始してから地下躯体が完了するまでの期間、沈下測定を行う。

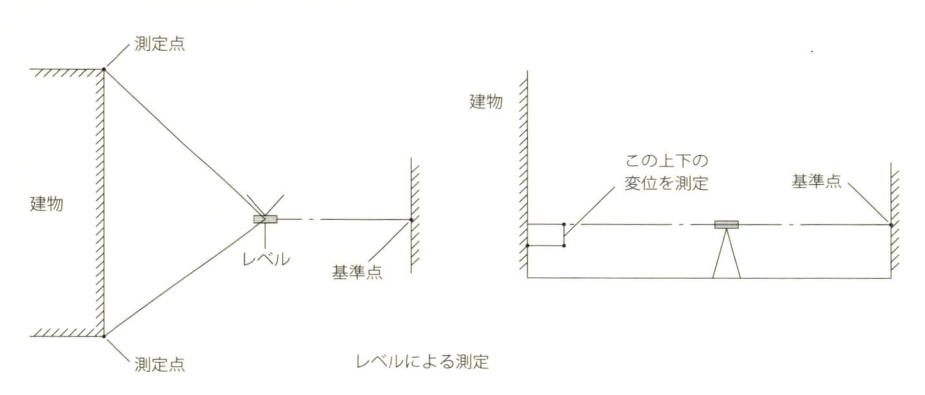

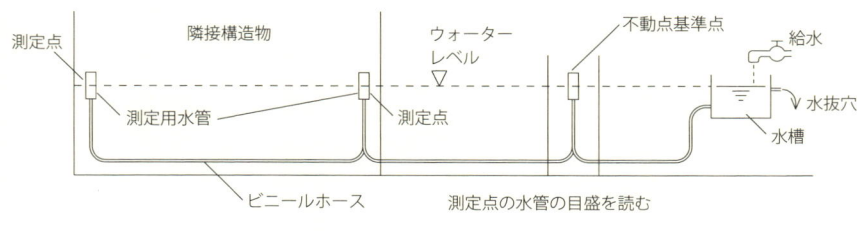

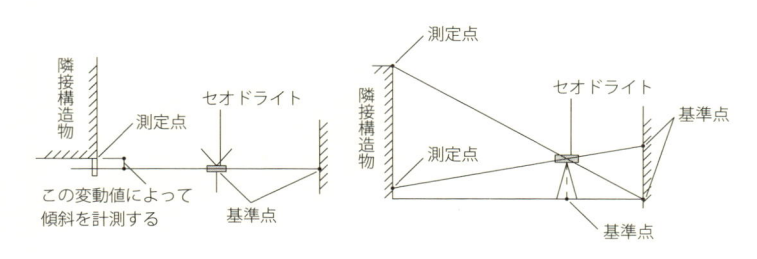

図6.31　工事中の隣接構造物の変位の計測

隣接構造物の傾斜測定は、掘削側に面する2点に測定点を設けて、下げ振りまたはセオドライトを使って傾斜測定を行う。

## 6.7　鉄筋コンクリート工事

### 6.7.1　基礎の墨出し

**(1) 基準墨出し**

　捨てコンクリート面の上に通り芯を基準から求める。基礎躯体の位置、寸法はすべてこの基準線をもとに決められる。

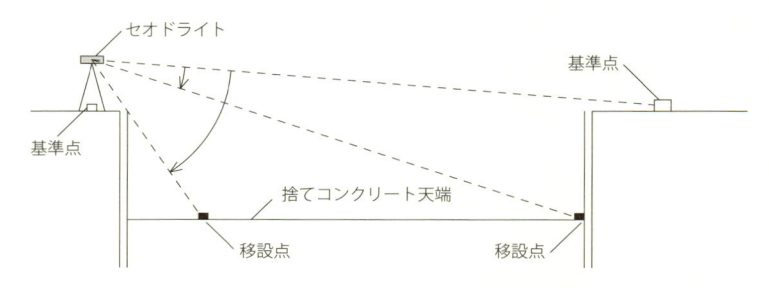

図6.32　捨てコンクリート天端への基準点の移設

**(2) 子墨出し**

　捨てコンクリート上に出された基準墨通り芯から、基礎、基礎梁、柱の位置などの子墨の墨出しを行う。これらの墨出し作業はすべて施工図（コンクリート寸法図）に示された寸法に基づいて行われる。

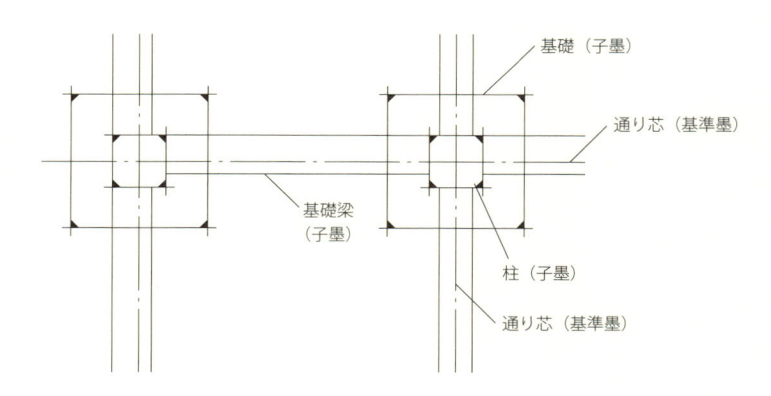

図6.33　基礎の子墨出し

## 6.7.2 地下躯体の墨出し

### (1) 耐圧盤コンクリート床面の墨出し

耐圧盤がある場合は、耐圧盤のコンクリート打設後、捨てコンクリート上の墨出しと同様、再度、基準墨および子墨の墨出しを行う。

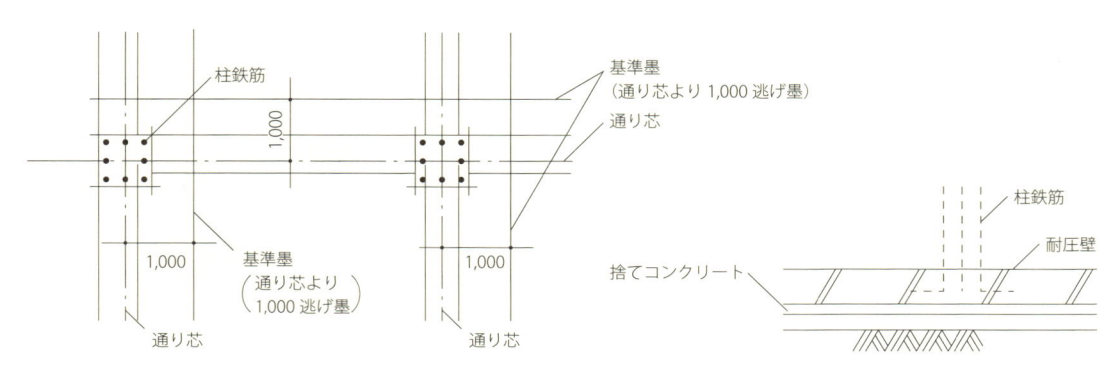

図6.34 耐圧盤コンクリート床面の墨出し

### (2) 地下部分の墨出し

基礎と同様、地上面にセオドライトを設置し、地上面の基準点から地下部分に基準点を移設して、基準墨と子墨の墨出しを行う。セオドライトの見通し線上に、山留めの切梁や仮設の乗入れ構台などの障害物がある場合は、地上から何回も基準点を移設する手間を省くため、山留め壁面に基準点および高さの基準を設け、この基準点をもとに墨出しを行う場合もある。

## 6.7.3 地上躯体の墨出し

### (1) 基準墨出し

基準階（1階）のコンクリート床面の基準墨は、地上階の墨の基準となるため高い精度が要求される。したがって、地下階の基準墨は使わず新たに地上面に設置されている基準点、ベンチマークから求める。同時に、すでに求めておいた地下部分の基準墨、基準高さとの照合を行い精度確認をする。コンクリート壁がある部分は、壁をはさんで両側に出しておくと、躯体工事が完了してからの仕上げ用墨出しに便利である。

### (2) 子墨出し

型枠工事、鉄筋工事のため柱、壁、出入口などの位置を求め、子墨の墨出しを行う。

### (3) 基準高さの墨出し

基準高さ（1FL + 1,000mm）の墨は、柱型枠建込み用に必要な水平墨であり、ベンチマークから求め、柱鉄筋の四隅にビニールテープを巻き付けその上端で表示する。

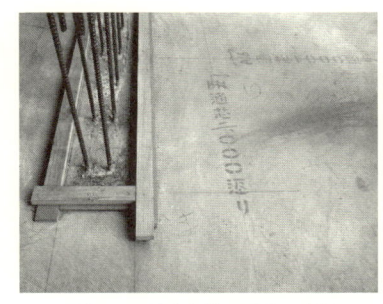

写真6.2 地上躯体の墨出し事例

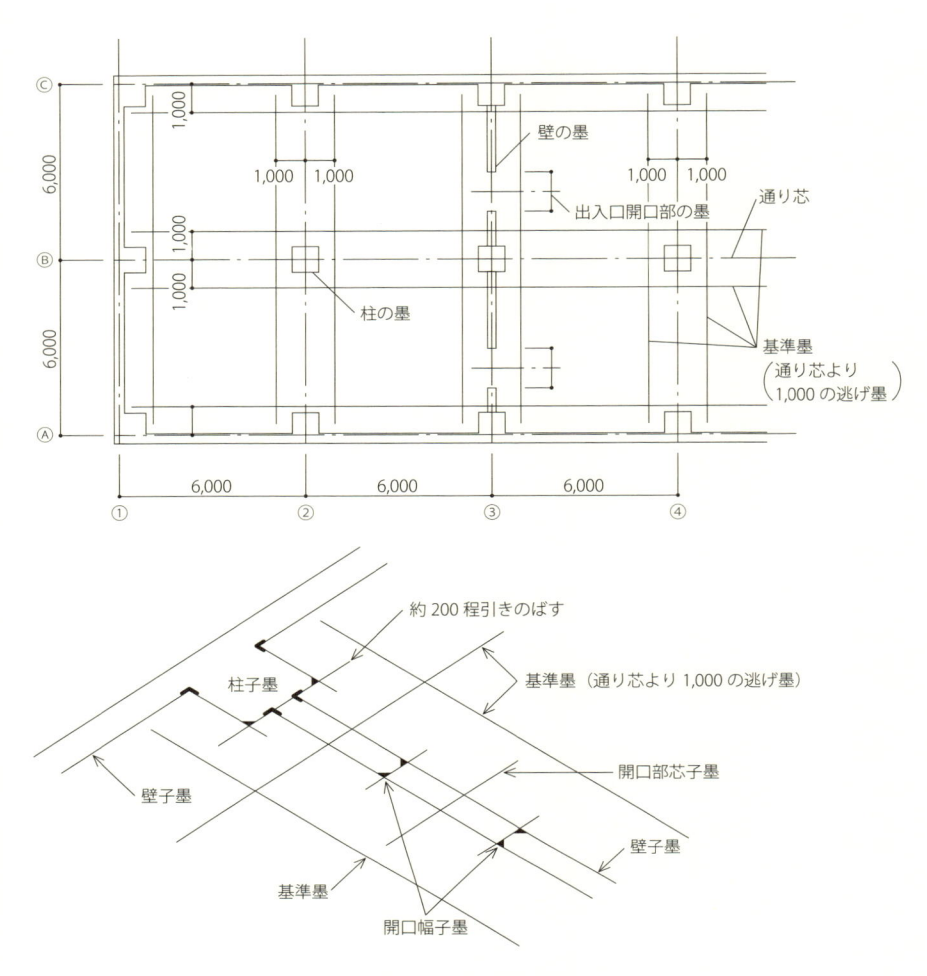

図6.35　地上躯体の墨出し事例

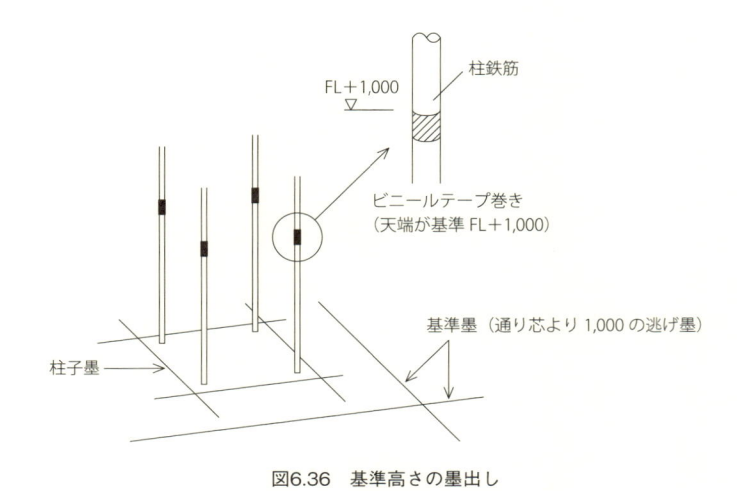

図6.36　基準高さの墨出し

### (4) 基準墨の上階への移設

　基準階から上の階は、基準階で求めた基準墨を順次移設して墨出しする。上部階コンクリート床面に10～15cm程度の墨出し用穴

を設け、この開口部を利用して下げ振りや鉛直儀を使って下部階の基準墨の交点を上部階床面に移す。墨出し用穴の位置は、通常、建物の四隅の基準墨の交点の上に設ける。

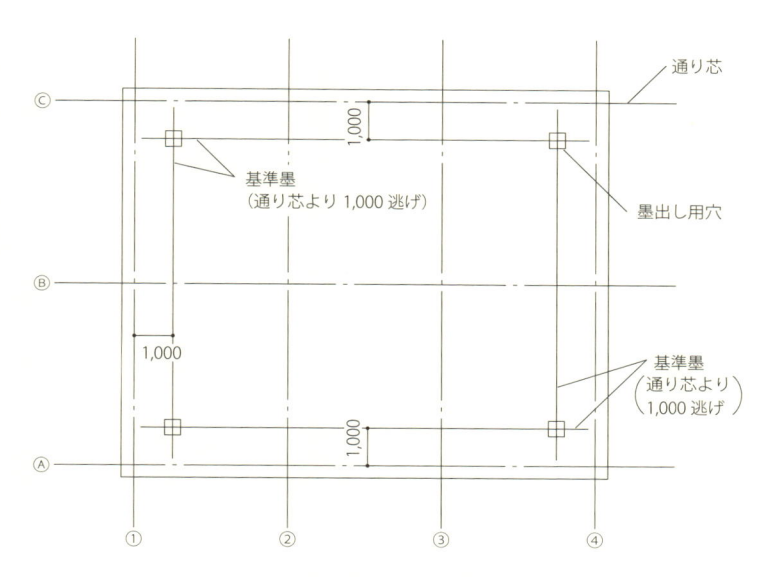

図6.37　上部階への基準墨の移設

階数が高くなると移設による誤差が蓄積されることがあるので、定期的に地上の基準点との誤差の検証と補正が必要である。

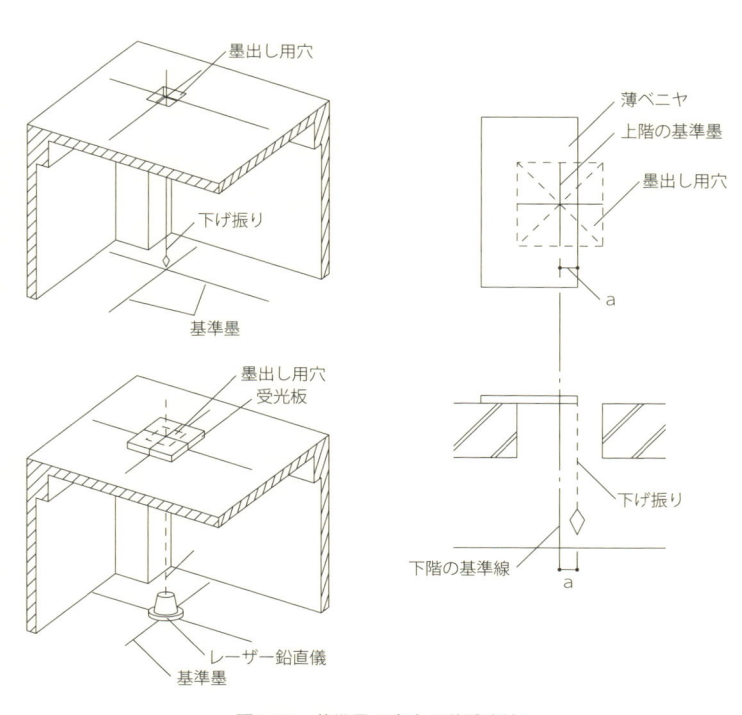

図6.38　基準墨の交点の移設方法

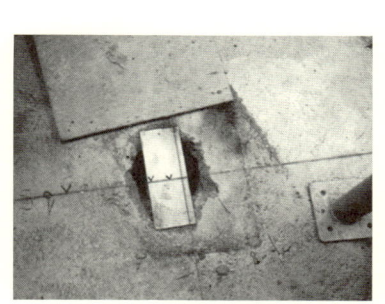

写真6.3　基準墨の交点の移設方法

### (5) 基準高さの上階への移設

各階の基準高さ（FL + 1,000mm）は 1 階に出してある基準高さ（1FL + 1,000mm）から求める。通常、高さ方向の寸法が計測しやすい外壁面、床開口部（エレベーターシャフト、階段室など）、タワークレーンマストなどにレベルで測った高さをしるして巻尺で階高を測定して、上部階の基準高さを求める。

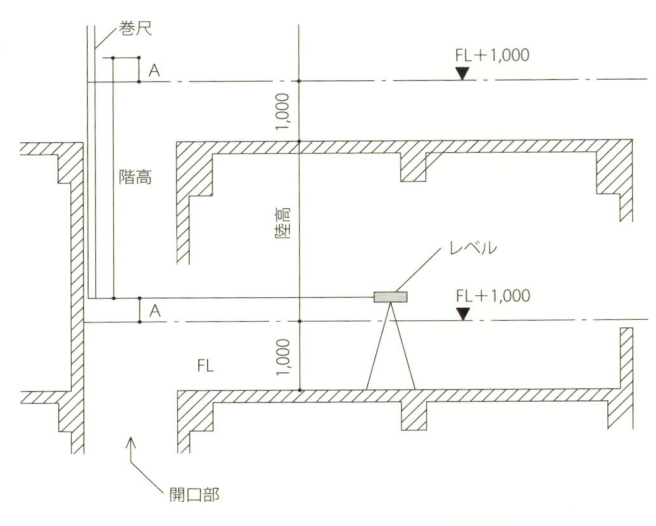

図6.39　開口部における基準高さの移設

### (6) 子墨出し

基準階と同様に各階の基準墨から柱、壁、出入口などの墨出しを行う。

## 6.7.4 型枠の精度管理

### (1) 型枠建込み位置

コンクリート床面に出された子墨に型枠位置が合致しているかどうかをチェックする。組立てがある程度進行すると修正が難しくなるため注意を要する。

### (2) 柱型枠の高さ

柱型枠を建て込む際、柱鉄筋にしるしてある基準 FL + 1,000mm の墨と柱型枠に墨打ちされた墨とを正確に合わせて建て込むようチェックする。

### (3) 型枠の鉛直精度

柱は直角方向の 2 面、壁は 1 スパン当たり 2 カ所程度を決め、下げ振りやセオドライトを用いて鉛直に対する傾きが許容誤差以内であるかをチェックする。

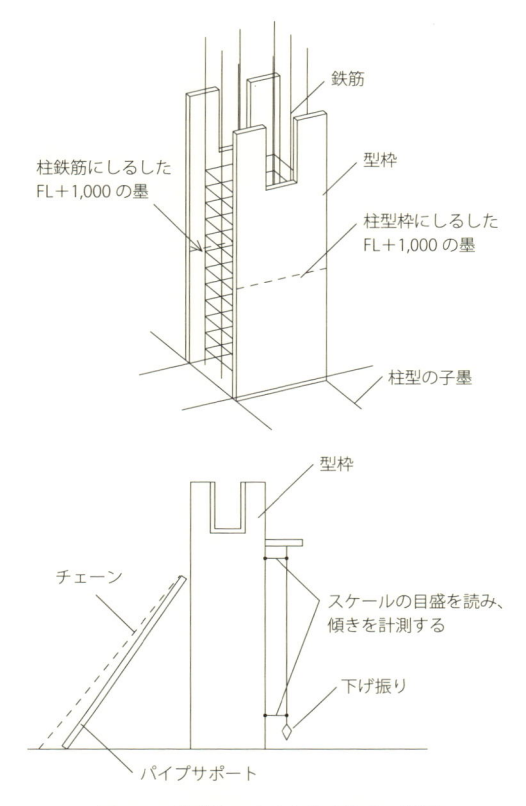

図6.40　柱型枠の高さと鉛直精度の計測

## (4) 梁およびスラブ型枠の高さ

基準高さに対する梁底型枠、スラブ型枠の高さはレベルで計測してチェックする。

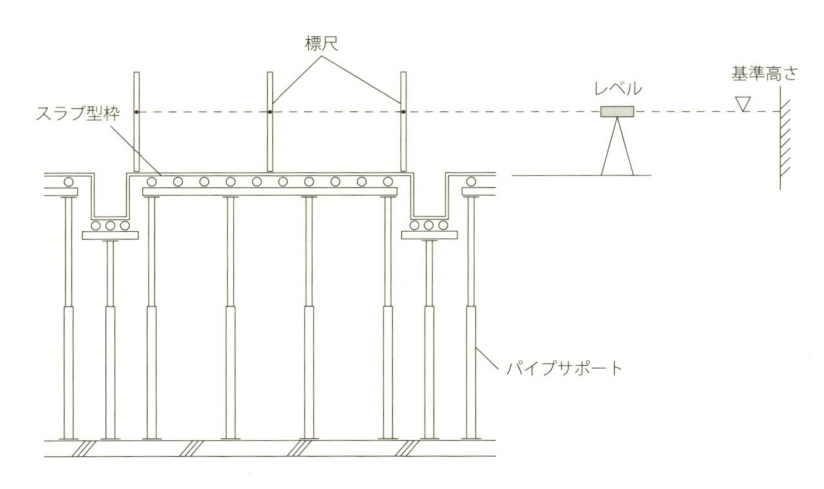

図6.41　スラブ型枠の高さの計測

## (5) 型枠の通り

外壁、梁、パラペット、手摺などの通り寸法のチェックは、出隅、入隅、端部は基準墨から直接測定して行い、中間部は水糸またはピ

アノ線を張って計測する。条件によってはセオドライトを使って計測する場合もある。

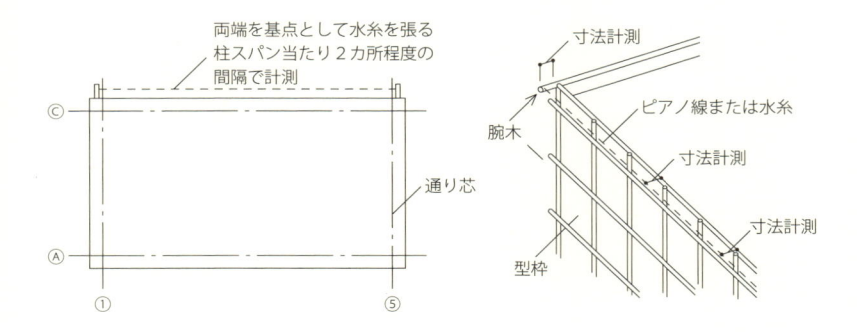

図6.42 外壁型枠の通り寸法の計測

## （6）コンクリート天端

コンクリート打設前に外周部の型枠面、柱鉄筋の四隅にコンクリート天端高さの位置出し、打設時の高さをチェックする。

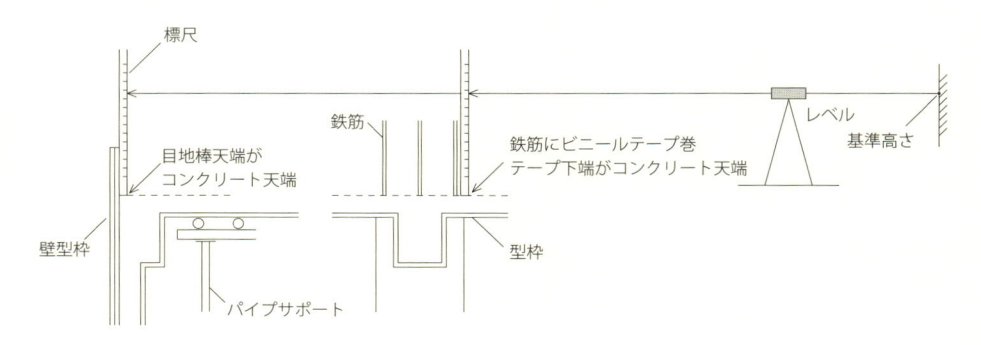

図6.43 コンクリート天端の計測

## （7）コンクリート打込み部材の位置

出入口型枠、窓型枠などの開口部、目地材、金物類などの位置は子墨から測定してチェックする。型枠終了後にはチェックできないため、片側の壁型枠建込み完了後行う。

## （8）コンクリート打設中の型枠の移動および変形の計測

型枠組立て時の精度と、実際に打ち上がったコンクリートの精度が異なる場合がある、それは、コンクリート打設中、型枠に鉛直荷重や水平荷重が加わり、型枠組立て時の位置が変化するためである。柱、壁は下げ振りで倒れを計測し、外壁や手摺壁は水糸などで通りを計測し、庇やバルコニー先端部についてはレベルで垂れ下りを計測し、許容値以内であるかをチェックする。

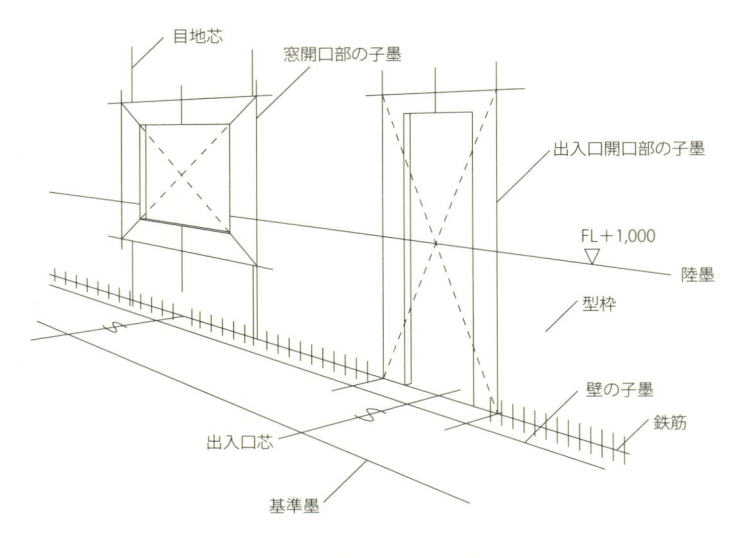

図6.44 開口部子墨の墨出し

## 6.8 鉄骨工事

### 6.8.1 工場製作時の精度管理

**(1) 基準巻尺の選定**

鉄骨製作工場で鉄骨製作用に使われる基準巻尺と、工事現場で使用される巻尺はいずれもJIS規格製品とする。また、双方の巻尺の寸法を同一条件で照合してできるだけ寸法の食違いのない巻尺を使う。この照合作業をテープ合せといい、鉄骨製作前の原寸検査時に行う。テープ合せは、工場製作用巻尺と工事現場用巻尺を並べ、双方に50Nの張力を与え10mにおいて0.5mm以内、30mで2mm以内であることを確認する。基準尺との差異を記録し、測定時に補正を行う。

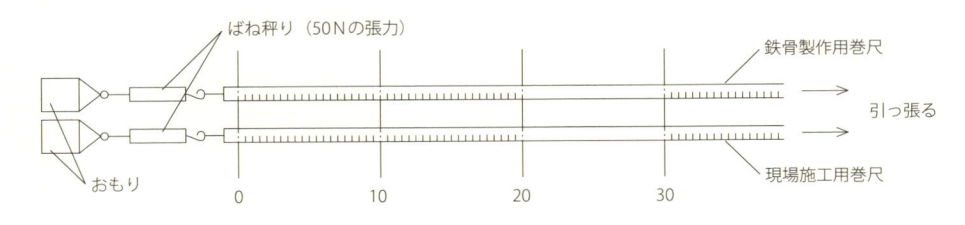

図6.45 巻尺のテープ合わせ

**(2) 現寸検査**

鉄骨工作図をもとに、原寸大の現寸図が鉄骨工場の原寸場で工場製作用基準巻尺を使って描かれる。現寸図により、鉄骨の重要な基本寸法（柱スパン、梁間寸法、階高、柱長さ、ベースプレート位置、勾配など）を確認する。また、各部材間の接合部（柱と梁の交差部、

柱と梁の接合部、柱と柱の接合部、梁と梁の接合部など）や関連工事との取合い（設備貫通孔、鉄筋貫通孔、仕上げ部材取付け用ピース、仮設部材取付け用金物など）の基本的な納まりなども同時に確認する。

**(3) 製品寸法の計測**

鉄骨加工業者は、工場製作が完了した製品に対して社内検査を行い、その検査結果の承認を鉄骨工事担当者および工事監理者から得る。必要に応じ、鉄骨工事担当者および工事監理者は工場に出向き、製品の検査を行い確認する。製品の寸法検査は、部材寸法（柱、梁、ブラケットの長さ、断面寸法など）、階高、部材の取付け角度、曲り、ねじれなどがあり、鋼製巻尺、曲尺、直尺、下げ振り、水糸などを使って計測する。

## 6.8.2 アンカーボルト位置の墨出し

**(1) 巻尺の選定**

現場の墨出しに用いる巻尺は、原寸検査時にテープ合わせしたものとする。

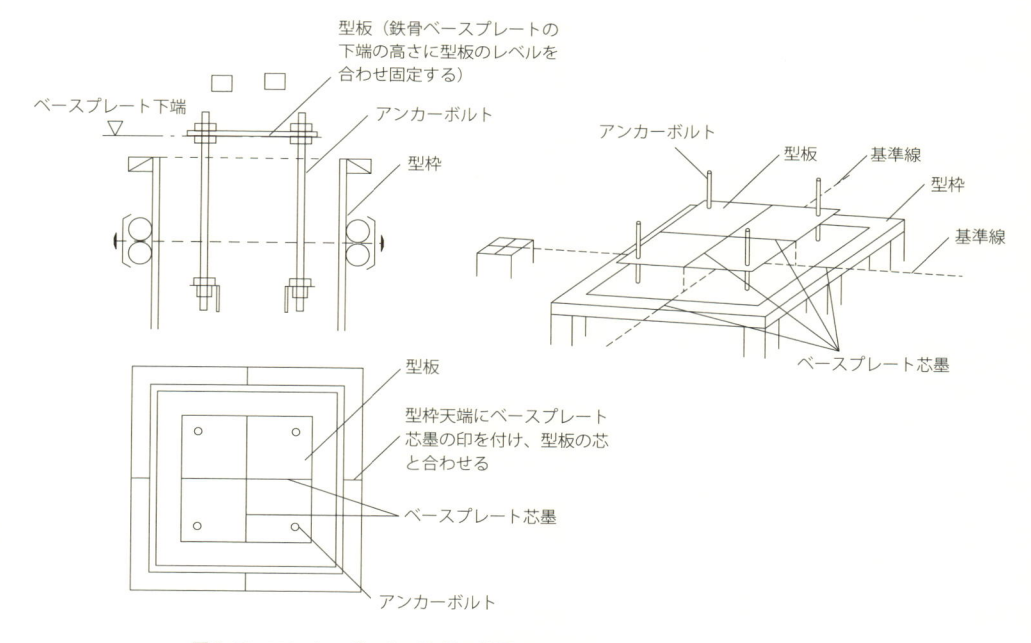

**(2) アンカーボルトの取付け位置の墨出し**

アンカーボルトを固定する架台または型枠に、鉄骨のベースプレート芯の位置を基準点からセオドライトを用いて墨出しする。ベースプレート芯の墨出しをしたベースプレートと同じ寸法の型板を用意し、型板の墨に合わせて位置決めをし、アンカーボルトの高さを調整して型板と固定する。

図6.46　アンカーボルトの取付け位置の墨出し

### (3) アンカーボルトの精度検査

コンクリート打設完了後ベースプレートの芯の墨出しを行い、寸法精度の検査を行う。

検査は以下の項目で行う。
1) 通り芯と鉄骨柱芯とのずれ
2) 隣接する柱芯間のずれ
3) 隣接柱間の中心距離
4) 柱芯に対するアンカーボルトのずれ

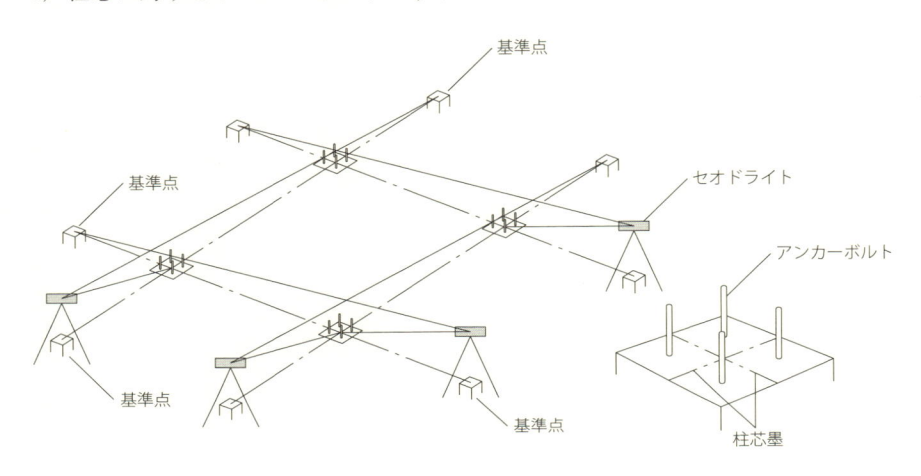

図6.47 アンカーボルトの寸法精度の検査

### (4) ベースプレート下均しモルタルの高さの墨出し

鉄骨の高さは、ベースプレート下均しモルタルの高さによって決められる。モルタルの塗厚さは30～50mmとし、形状は正方形または円形が多く、レベルでモルタルの天端を測定しチェックしながらモルタルを塗る。高さはベンチマークから求める。

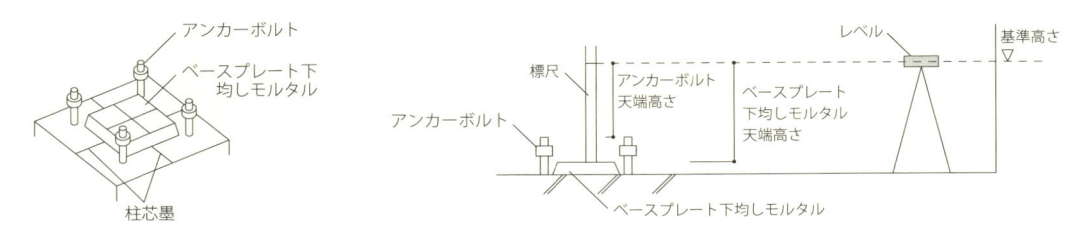

図6.48 ベースプレート下均しモルタルの高さの墨出し

### 6.8.3 建入れの精度管理

鉄骨柱の建入れ精度の計測は、セオドライト、下げ振り、鉛直儀、ピアノ線などで行う。

計測は、柱1節ごとに行うが、建物の平面規模が大きい場合は工区分けし、工区ごとに計測を行う。計測にあたっては、温度（気温、

日照による温度差）による鉄骨部材の伸縮を考慮する。測定項目は、柱の傾き、建物全体の倒れ、建物の通り、梁の高さなどである。

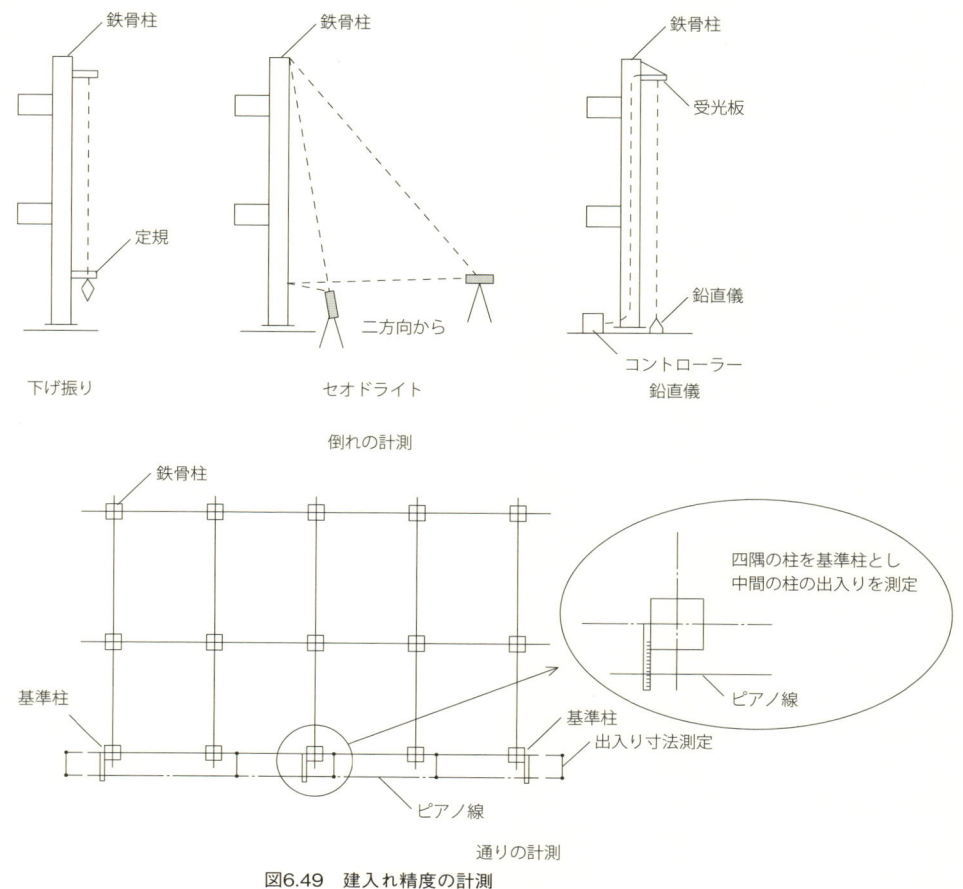

図6.49　建入れ精度の計測

## 6.9 仕上げ工事

### 6.9.1 仕上げ墨出しの種類

**(1) 地墨**

コンクリート床面にしるした墨のことをいい、基準墨および基準墨から求めた間仕切り壁や取付け物の位置、仕上げ面の位置を一定の位置に示した墨である。仕上げ面から100mm返り（返り墨）で墨を打つ。

**(2) 陸墨**

柱、壁面などにしるす水平線の墨のことをいい、ベンチマークから求め、各階の高さ方向の基準線（通常 FL + 1,000mm）を表したものである。

**(3) 竪墨**

柱、壁面にしるした鉛直線であり、鉛直方向の位置関係を表す。地墨から下げ振りなどを使って立ち上げて墨打ちする。

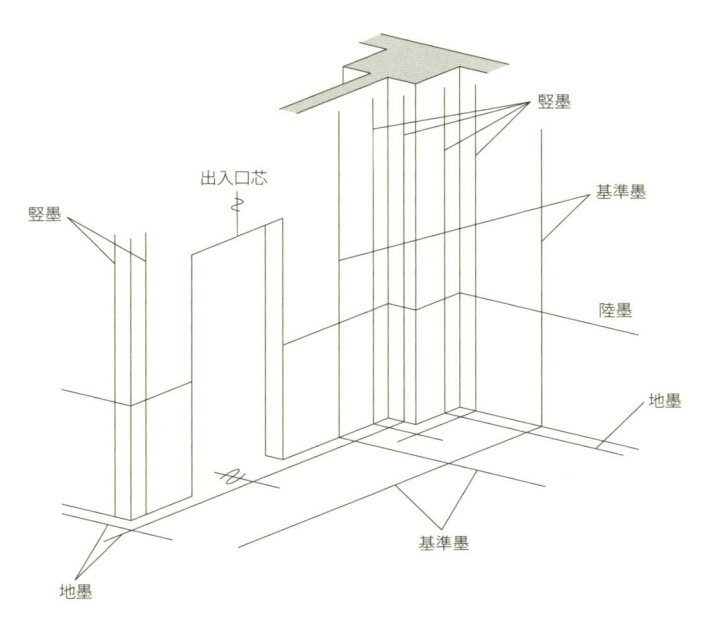

図6.50　仕上げ墨出しの種類

## 6.9.2 仕上げ墨の精度管理

　上下階や室内外の仕上げが直接関連する部位の仕上げ墨は、各階の基準墨から個々に求めると誤差が発生しやすいため、ピアノ線で鉛直線を立ち上げて精度管理する。

### (1) 上下階が直接関連する部位

　エスカレーター回り、吹抜け階段吹抜け部、大空間の部屋などは上下階を通して基準墨を墨出して精度管理をする。例えば、エレベーター取付け用の墨は、最上部から最下部までシャフト内で墨を鉛直

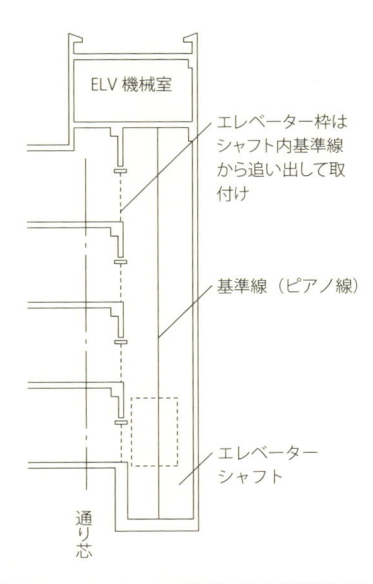

図6.51　エレベーター取付け用の基準墨の墨出し

に引き通すため、エレベーターホール側に基準墨を墨出して、取付け精度を管理する。

### (2) 室内外仕上げが直接関連する部位

外壁仕上げがタイル、石張りなどの場合は、外壁面に基準墨を出して精度管理をする。外壁が PC カーテンウォール、金属製カーテンウォールの場合、外壁に基準墨に合わせたピアノ線などで引き通して精度管理する。

### 6.9.3 間仕切り壁工事の墨出し

間仕切り下地の両面の位置を基準墨から計測して求めて墨出しをし、間仕切りの種類、厚さの表示をする。返り墨を出しておくと、下地の取付け後下地の位置のチェックや仕上げ面の墨出しにも使える。出入口などの開口部は開口芯、間仕切り開口幅の墨を出しておく。

間仕切り壁に囲まれた小部屋内は、間仕切り工事を着手する前に、基準墨から X・Y 方向の逃げ墨を出しておき、小部屋内の仕上げ用の墨が出やすいようにしておく。

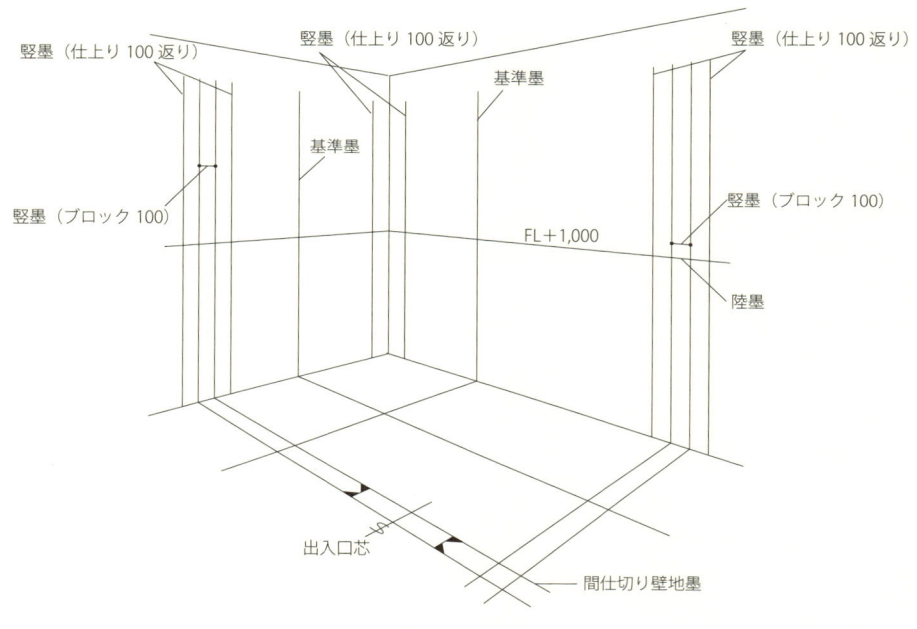

図6.52　間仕切り壁の墨出し

### 6.9.4 建具工事の墨出し

建具の芯、高さ、出入り方向の位置が測定できるように墨出しをする。建具の芯は床または壁面に上下1カ所ずつ出した芯墨に合わせて位置を決める。高さは陸墨（FL + 1,000mm）から上下方向に測定して決める。出入り方向の位置は壁の抱き部分に出した壁芯または壁の仕上げ墨から計測して決める。

取付け精度のチェックは仮固定の状態で、取付け芯、取付け高さ、出入り寸法、鉛直性、曲り、対角線の寸法、通りなどを巻尺、下げ振り、水糸などを使ってチェックする。

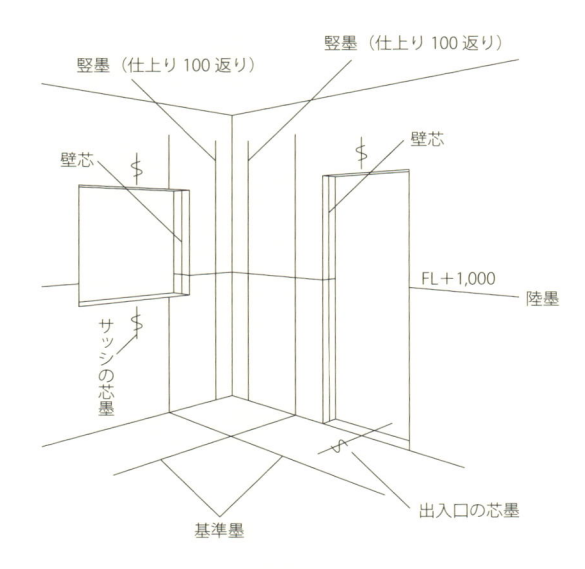

図6.53　建具の墨出し

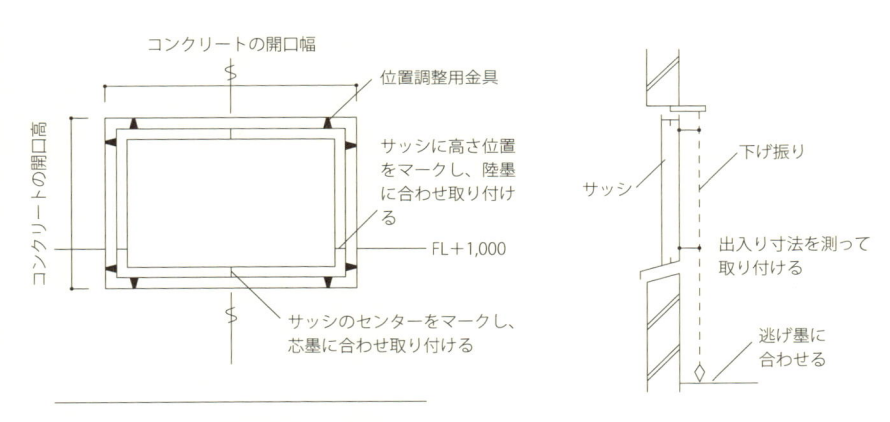

図6.54　墨に合わせたサッシの位置合わせ

## 6.9.5 カーテンウォール工事の墨出し

### (1) 外壁への基準線の墨出し

　カーテンウォールは建物の外壁面に連続して取り付けられるため、各階の基準墨から個々に追い出し取り付けると、取付け精度が悪くなる。そのため垂直方向にピアノ線を5～6階ごと引き通して墨出しを行う。水平方向は基準高さが一定間隔の高さに基準点を設け、建物の両端をピアノ線で引き通して墨出しを行う。

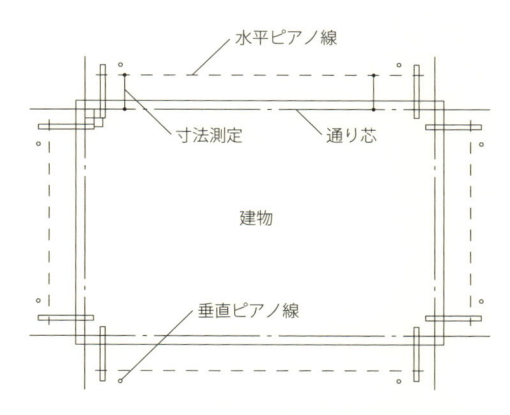

図6.55　カーテンウォール取付けのための基準線の墨出し

**(2) アンカーボルト取付けのための墨出し**
　カーテンウォール取付け用のアンカーボルトを、現場でコンクリートに埋め込む場合は、型枠組立て後、下階の基準墨から位置測定して固定し、コンクリートを打設する。

**(3) ファスナー芯および目地芯の墨出し**
　躯体の外側の垂直ピアノ線を基準に、金属カーテンウォールの場合はファスナー芯、方立て芯、PCカーテンウォールの場合はファスナー芯、目地芯の位置をコンクリート床面に設ける。

**(4) カーテンウォールの面外方向の墨出し**
　躯体の外側の水平ピアノ線を基準に床面に逃げ墨を出す。金属カーテンウォールの場合はカーテンウォール芯または内面からの返り墨、PCカーテンウォールの場合は外面からの返り墨をコンクリート床面に設ける。

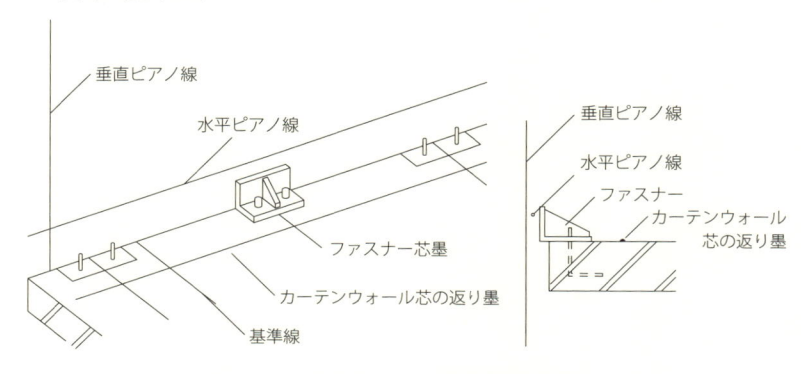

図6.56　カーテンウォールの面外方向の墨出し

**(5) カーテンウォール部材の取付け精度の測定**
　カーテンウォールの仮固定の段階で行う。検査項目として、各階の基準墨から各部材までの出入寸法、左右方向の寸法、基準高さからの寸法、目地芯の通り、目地幅、目地両側の段差などがあり、巻尺、レベル、ピアノ線、曲尺などを使ってチェックする。

## 6.9.6 タイル工事の墨出し

タイル割付図をもとに基準墨と陸墨からの寸法を測って割付基準線の墨出しを行う。

サッシ、出入口、設備機器などの芯の位置もタイル割付図によって墨出しする。躯体に誘発目地位置がある場合は、タイルの誘発目地位置と一致しているかどうかを確認する。

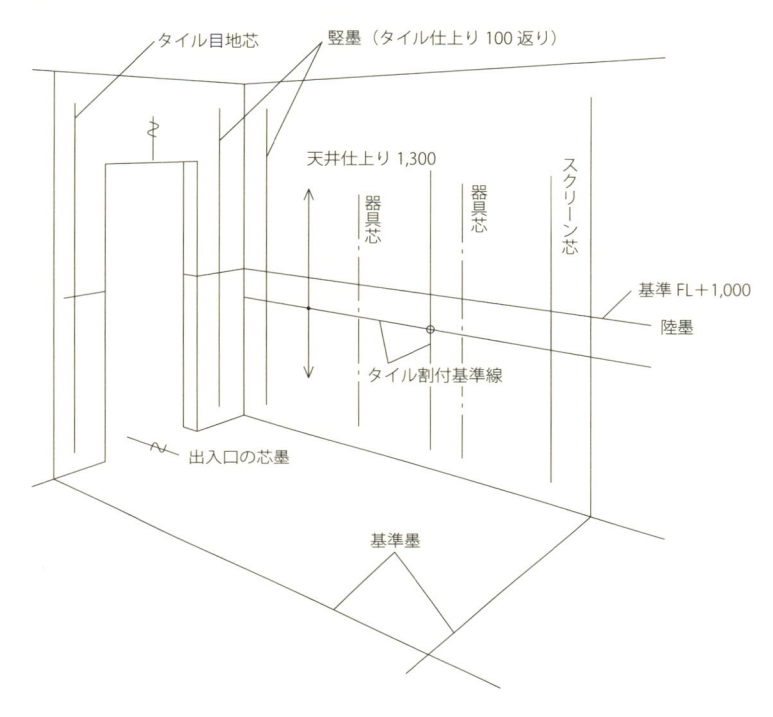

図6.57 タイル取付け用の墨出し

## 6.9.7 天井仕上げ工事の墨出し

天井仕上げの墨出しは、天井下地組立ておよびボード張りを行う前に施工図をもとに基準墨からの寸法を計測して行う。

### (1) 天井高さの墨出し

陸墨（基準 FL + 1,000mm）を基準に天井下地材の下端の位置の墨を柱、壁面に出す。天井下地を組む前に壁面から壁面に水糸を張り、天井内の設備機器、配管、躯体の梁の下端の高さをチェックし、天井下地の施工に支障がないことを確認する。また、サッシ、ブラインドボックスなど天井と関連する部位の高さをチェックし、納まりに支障のないことを確認する。

### (2) 天井割付の墨出し

天井割付図によりボードの割付基準線を床面もしくは壁面に出す。天井周辺部の壁、柱の精度をチェックし、ボードに見苦しい端数がないようにする。

### (3) 天井開口部の墨出し

割付基準線がコンクリート床面にしるしてある場合は、割付基準線から寸法を測って床面に開口部の印を付ける。天井下地が組み上がってから、下げ振りまたは鉛直儀などを使って天井下地面に開口部の位置をしるし、天井開口部を設ける。壁面に割付基準線がしるしてある場合は、天井下地が組み上がってから、X方向・Y方向の基準線の位置に水糸を張り、それを基準に巻尺で天井開口部の位置を求める。

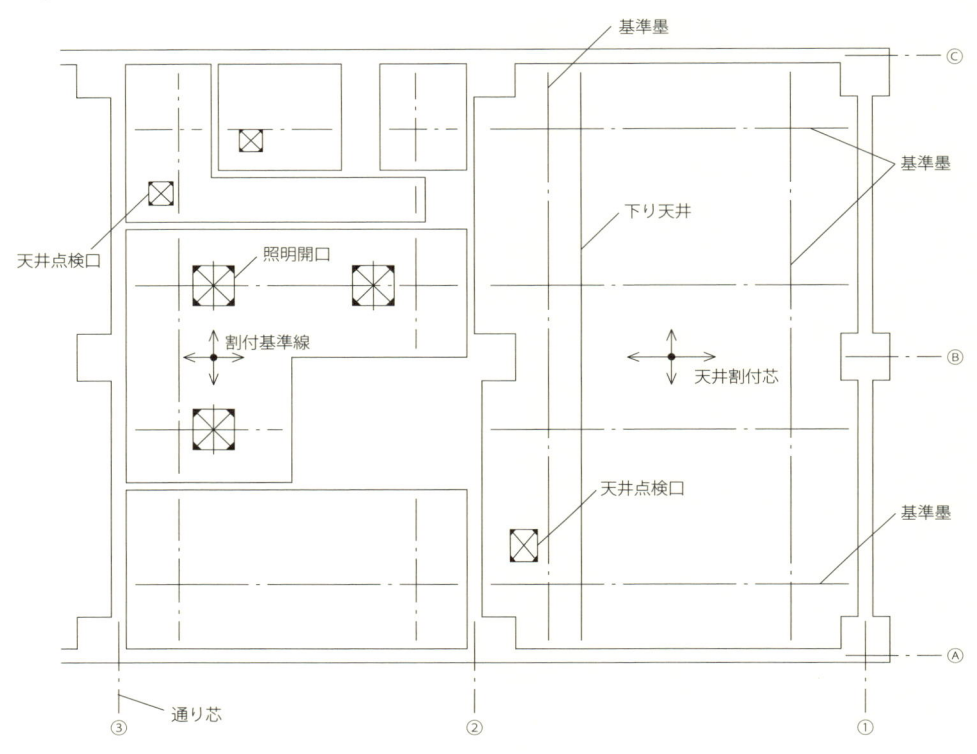

図6.58 天井仕上げ用の墨出し

## 6.9.8 階段仕上げ工事の墨出し

### (1) 段鼻の位置の墨出し

壁墨から最上段と最下段の段鼻の高さ、および基準墨から最上段と最下段の段鼻までの距離を測ってその交点を段鼻の仕上げ位置としてしるす。最上段と最下段の段鼻を斜線で結び勾配墨を出し、この長さを段数で均等に割付けして、各段の段鼻の位置をしるす。

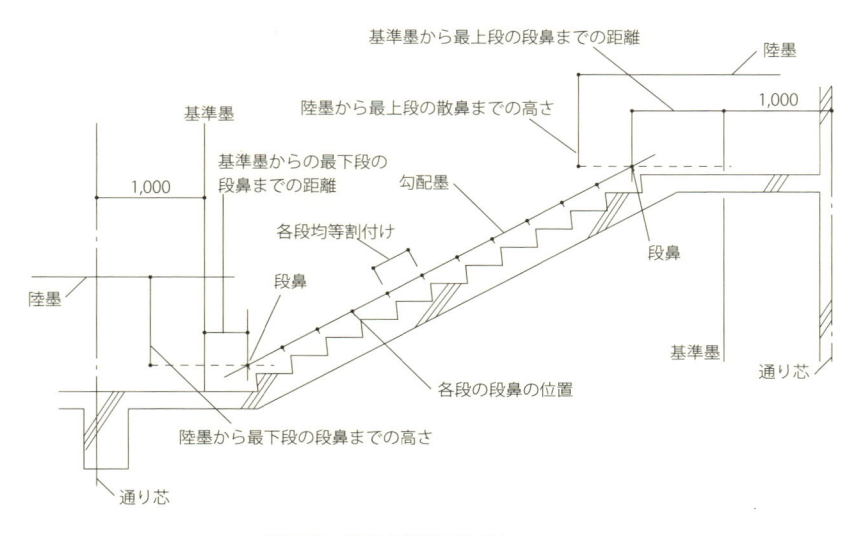

図6.59　段鼻の位置の墨出し

### (2) 仕上げ面の位置の墨出し

　型板を使う場合は、型板を勾配墨と段数割りに合わせ踏面、蹴上げの仕上げ墨を出す。水平器を使う場合は、各段の段鼻の位置に水平器を合わせ水平線を引き、踏面、蹴込み寸法を測り墨出しする。
　型板や水平器を使用しない場合は、最上段と最下段の踏面仕上げ面で踏面と蹴込みの距離を測った点を段鼻の位置と結んで求めた勾配墨を用いて墨出しを行う。

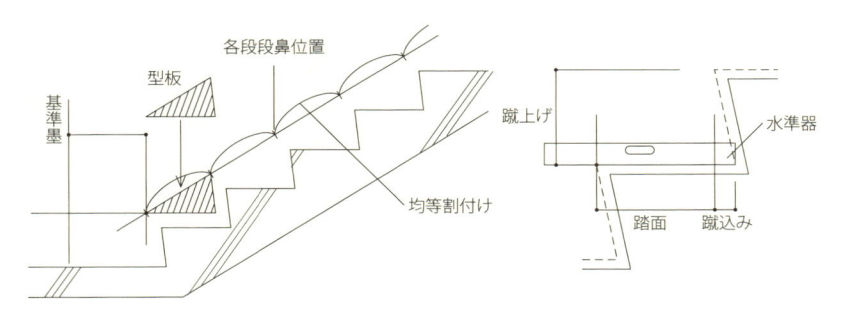

図6.60　仕上げ面の位置の墨出し

## 6.10　施工精度

### 6.10.1 施工精度の概要

　建築物やそれを構成する部材について、設計で定められた寸法と寸分違わぬように施工することは、技術的にも経済的にも不可能である。したがって建物の性能、施工性、経済性を考慮しそれぞれの項目ごとに定められた許容範囲内で精度の目標値を設定し、目標値を達成するための精度管理（測定方法・機器の選定、測定値の分析・判定、不良対策など）を行う。施工誤差がある目標値を超える

と、建物の基本性能（構造耐力、耐久性、防水性、使用機能など）の低下や美観を損ねるなどの問題が生じる。手直しや補強を行わないためにも、部位ごとに要求される性能を満たすよう精度管理を行わなければならない。

**(1) 建物の基本性能上要求される精度**

①構造部材

　構造部材の基本性能は耐力、耐久性であり、JASS や設計仕様で精度基準が定められるケースが多い。

表6.2　構造部材の精度管理項目

| 部　位 | 精度管理項目 |
|---|---|
| 杭 | 杭径、位置、鉛直性 |
| コンクリート | 位置、断面、鉄筋位置 |
| 鉄　骨 | 位置、傾き、部材の断面寸法 |
| その他 | EXP ジョイント、耐震スリット位置および幅 |

②仕上げ部材

　仕上げ部材は使用部位、材料、使用場所、使用条件ごとに要求性能の程度が異なるため、その内容を十分把握したうえで合理的な精度管理を行う。

表6.3　仕上げ部材の精度管理項目

| 部　位 | 目　的 | 精度管理項目 |
|---|---|---|
| スラブ | 防水性<br>歩行性<br>什器備品のすわり<br>器械据付け<br>間仕切りと納まり | 床勾配<br>床レベル（高低差） |
| 建具 | 遮音性、水密性、開閉機能 | 製品寸法、部材間目地幅<br>取付け位置、高さ、傾き |
| PC | 建物変位に対する追従性 | PC ファスナー位置、可動部寸法、製品寸法 |

③美観

　一般に個人の官能評価によって決められるため、要求される精度基準が定めにくく、建物別に、あるいは同一建物でも場所や部位で要求精度を変えるケースが多い。

表6.4　美観における精度管理項目

| 部　位 | 目　的 | 精度管理項目 |
|---|---|---|
| 外壁 | 光の陰影により凹凸が目立つ | 壁の凹凸 |
| カーテンウォール | 凹凸、通りの悪さが目立つ<br>ガラス面の反射のばらつき | 段差、通り<br>ガラスの出入り、取付け角度 |
| 広い部屋の天井 | 天井中央部が垂れ下がったように見える | 天井のむくりの取り方 |
| 床 | 光の陰影により凹凸が目立つ | 床のレベル |

### (2) 法的規制で寸法の限界が要求されるもの

建築基準法、消防法、そのほかの建物に関する法令などで寸法の限界が定められた部位が限界を超えないように精度管理を行う。

表6.5　法的規制における精度管理項目

| 部　位 | 精度管理項目 |
|---|---|
| 階段 | 階段幅、踏面、蹴上げ、手摺高さ |
| 建物高さ | 斜線制限 |

### (3) 施工を進めるうえで要求される精度

施工の途中で寸法調整ができるかどうかによって要求精度が変わってくる。工場で製作された部材を先行して取り付けた場合は、それを基準とするが、取付け誤差があっても後続の作業で誤差が吸収できる範囲内であれば大きな問題にならない。工場製品と工場製品の組合せの場合は、それぞれの部材寸法が定まっているため、部材間をつなぐ目地幅やつなぎ材の調整可能な寸法によって、要求精

表6.6　部位ごとの誤差吸収の方法

| 部　位 | 誤差吸収の方法 |
|---|---|
| 床、壁、天井の仕上げ | 施工性、品質性能に支障のない範囲での寸法調整 |
| 異種材料の取合い | 目地幅、見切り寸法の調整 |
| 工場製品（カーテンウォール、石、タイルなど）の取付け | 部材をつなぐ目地幅の寸法調整 |
| 柱、梁、バルコニーなどで区切られた外壁仕上がり面 | 仕上がり面の位置変更 |
| その他 | 先行して取り付けた部材寸法を実測して、後から取り付ける部材寸法を決める（改修工事などでは採用されるが新築工事では地下工事の逆打ち工法の鉄骨梁材の長さ調整など、限られた場合にしか採用されない） |

度が左右される。一般に寸法精度はプラス、マイナスの範囲内で管理するが、最大寸法、最小寸法の制約を受けるケースもあるので注意を要する。

### 6.10.2 施工精度の計測

精度測定には基準面、基準線からの寸法差を測定し絶対誤差を求める方法と、隣接する測定点間の寸法差、または、ある長さ間で測定した複数の測定点の最大寸法と最小寸法の差を測定し、相対誤差を求める方法がある。

#### (1) 基準線（基準面）と測定点の寸法差の測定

基準線（基準面）を絶対位置とし、ある間隔ごとに測定点を定め、基準線から差を計測する方法で、基準から測定点が許容値以内であるかを管理する場合に使われる。

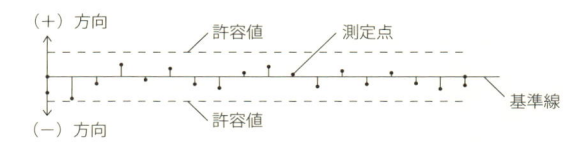

図6.61　基準線と測定点の寸法差の測定

#### (2) 隣接する測定点間の寸法差の測定

隣接する測定点間の差を計測する方法で、測定点間の変位が許容値以内であるかを管理する場合に使われる。

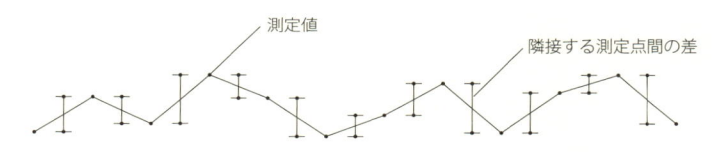

図6.62　隣接する測定点間の寸法差の測定

#### (3) 任意の区画を決め区画内の寸法差の測定

床面などにおいて測定区画を決め、その区画内で最大寸法と最小寸法との差を計測する方法で、面精度の管理に使われる。

### 6.10.3 施工精度の管理

#### (1) ヒストグラム

測定データをある等間隔の範囲に区分し、その区分内に出現するデータの数を棒線グラフにしたもので、精度管理に最も多く使われる方法である。

---

**ポイント**

測定値の算出平均
$$\bar{x} = \frac{1}{n}\sum_{i=1}^{n} x_i$$

測定値の標準偏差
$$\sigma = \sqrt{\frac{\sum_{i=1}^{n}(x_i - \bar{x})^2}{n(n-1)}}$$

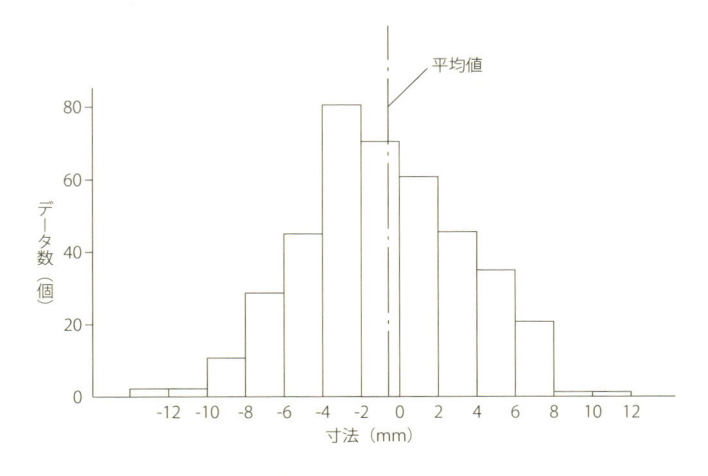

図6.63　ヒストグラムの事例

## (2) 散布図

対応する2組の測定値間にどのような関係があるかを把握するために使われる手法。2組の測定値の平方の和が最小になるような方法（最小二乗法）であてはめた直線で2組の測定値の関連を表したものを回帰直線といい、その関連性を数値的に表したものを相関係数という。相関係数は0～1の数であり、1に近いほど相関が高いと言える。

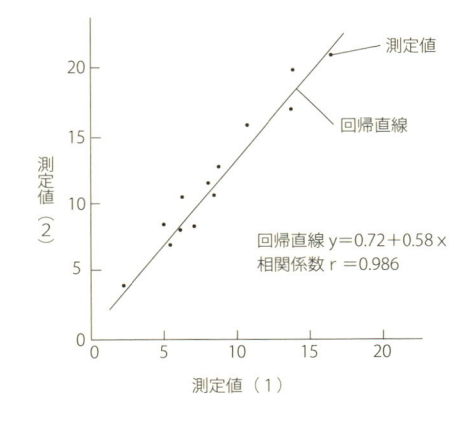

回帰直線 $y = 0.72 + 0.58x$
相関係数 $r = 0.986$

図6.64　散布図の事例

## (3) ($\overline{X} - R$) 管理図

測定データの平均値が時間的な経過とともに、どう変化しているかを把握するために使われる手法である。上方管理限界線と下方管理限界線を求め、サンプルの平均値（$\overline{X}$）、サンプルの最大値と最小値の差（R）を管理する。

$$\overline{X} = \frac{1}{n}(x_1 + x_2 + \cdots x_6)$$

$$R = x_{max} - x_{min}$$

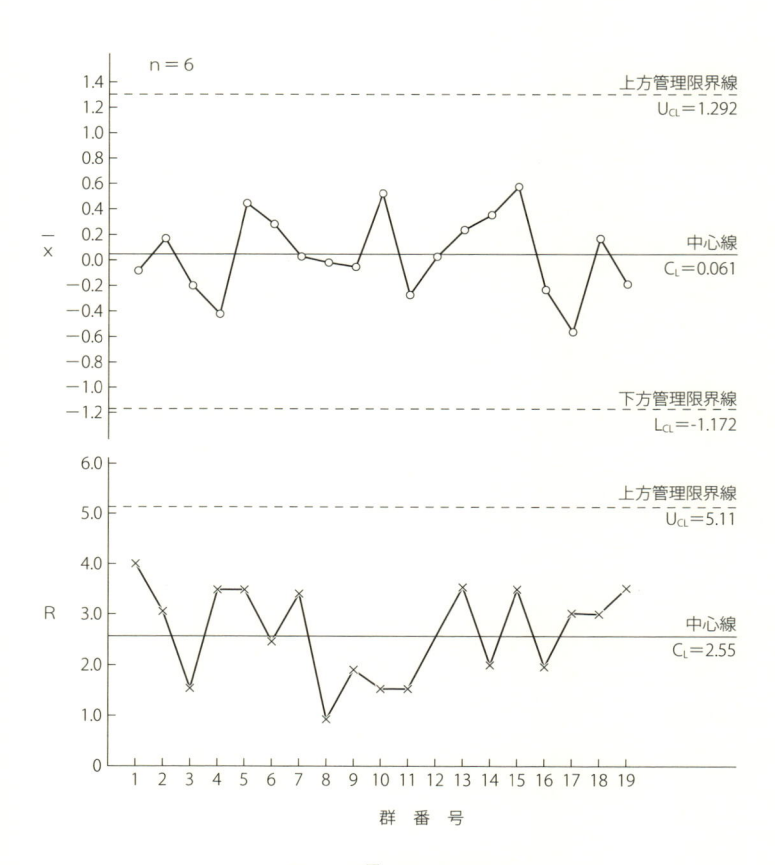

図6.65　$\overline{X}$-R管理図の事例

# 7 実習課題

**前**章までは、距離測量、水準測量、角度測量、三次元測量に関する使用機器の特徴、測定方法に関して述べるとともに、建築工事における測量の実地内容について説明を行った。本章では、実習を通じて測量機器の基本的な使用方法、測定手順、測定結果のまとめ方を理解することを目的に、各測量方法の測定課題とその解答をまとめる。

## 7.1　距離測量

### 7.1.1 鋼製巻尺を用いた距離計測

**（1）測定課題**

鋼製巻尺を用いて、平坦な床の上の約30mの距離を測り、その測定結果をまとめる。ただし、補正は温度と張力のみとする。

**（2）使用機器**

①鋼製巻尺

長さ50mのJIS1級品を用意する。また、測定値の補正に使用するため、商品に添付されているメーカー発行の補正説明書を準備する。

②スプリングバランス

測定時に加える張力を図る。

③クランプハンドル

測定時に鋼製巻尺を保持する。

④温度計

測定時の鋼製巻尺の温度を測定する。

⑤手袋

測定時に手を保護する。

写真7.1　スプリングバランス

写真7.2　クランプハンドル

**（3）測定手順**

手順1）測定時の役割を分担する

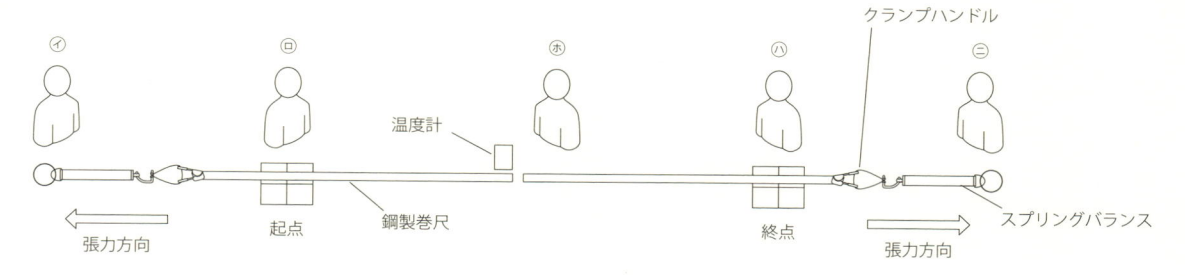

イと二：クランプで巻尺を掴んで矢印方向に引っ張り、スプリングバランスの目盛が所定の力になったら合図をする。
ロ：イと二の合図を受けて測定の合図をし、巻尺の目盛を読んで記録する。
ハ：測定の合図に合わせて、巻尺の目盛を読んで記録する。
ホ：巻尺の温度を測る。

図7.1　測定時の役割

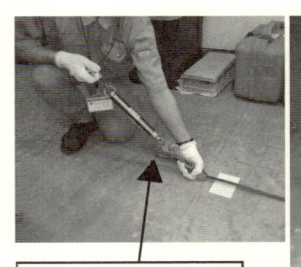

両端から指定された張力にスプリングバランスの目盛を合わせて巻尺を引っ張る。

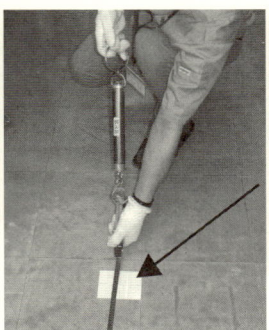

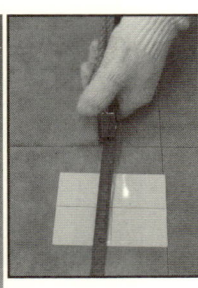

図7.2 測定方法

手順2）起点と終点間の水平距離を測定
手順3）起点を鋼製巻尺の0m、3m、5m近辺にし、3回計測して、測定値を記録する
手順4）終点を鋼製巻尺の0m、3m、5m近辺にし、3回計測して測定値を記録する
手順5）以上の測定を張力20Nおよび50Nの2セット行う

### (4) 測定結果のまとめ

測定値を表7.1を使用して記入し、温度と張力の補正値を求める。測定後の測定距離を測定値と補正値から計算して記入する。12回の測定に有する補正後の測定距離の最確値と最確値に対する標準偏差を求めて、測定した距離の真値の範囲を確かめる。その結果から、真の距離は最確値から±σ範囲にあるといえる。

> **ポイント**
> **最確値**：同一量を複数回測定した場合の最も確かな値である。最小二乗法で求めるが、結果的に平均値の算出式と同じ形である。測量においては最確値とその標準偏差を用いて真値を表す。

$$X = \frac{1}{n}\sum_{i=1}^{n} x_i$$

$$m = \sqrt{\frac{\sum_{i=1}^{n}(x_i - X)^2}{n(n-1)}}$$

X：最確値
m：最確値に対する標準偏差
n：測定回数
$x_i$：i番目の補正後の測定距離

表7.1 測定結果の記入用紙

| 方向 | 位置 | 測定項目 張力 | 測定値（m） | 補正値 温度 | 補正値 張力 | 補正後の測定距離（m） |
|---|---|---|---|---|---|---|
| 正 | 0m | 20N | | | | |
| | | 50N | | | | |
| | 3m | 20N | | | | |
| | | 50N | | | | |
| | 5m | 20N | | | | |
| | | 50N | | | | |
| 反 | 0m | 20N | | | | |
| | | 50N | | | | |
| | 3m | 20N | | | | |
| | | 50N | | | | |
| | 5m | 20N | | | | |
| | | 50N | | | | |
| 最確値＝ | | | 最確値に対する標準偏差＝ | | | |

### 7.1.2 光波距離計を用いた距離計測

**(1) 測定課題**

前項 7.1.1 の鋼製巻尺で測定した起点と終点間の距離を光波距離計で計測して、その結果を比較する。

**(2) 使用機器**

一体型光波距離計、ピンポール型反射プリズム

**(3) 測定手順**

手順1）起点の上に光波距離計を設置する
手順2）終点の上に反射プリズムを設置する

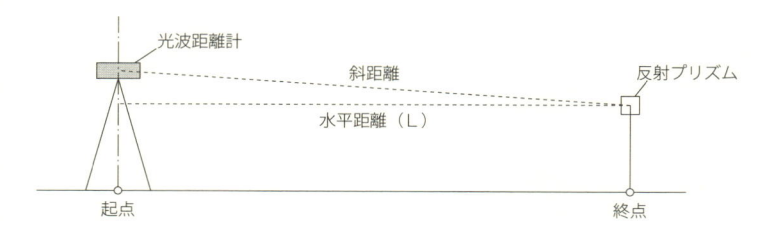

図7.3　光波距離計による距離計測

手順3）温度と気圧を測定し、光波距離計に入力する
手順4）光波距離計の水平距離の測定操作をし、その結果を記録する
手順5）終点に光波距離計を設置し、手順2）〜4）を繰り返し行う

**(4) 測定結果のまとめ**

起点と終点で測定した水平距離の最確値を求めて、前項 7.1.1 の結果と比較する。その結果から鋼製巻尺と光波距離計の測定精度に関して考察する。

### 7.1.3 トータルステーションを用いた距離計測

**(1) 測定課題**

トータルステーションの距離測定機能と角度測定機能を用いて、離れた位置から前項 7.1.1 の起点と終点の距離を求める。

**(2) 使用機器**

トータルステーション、ピンポール型反射プリズム

**(3) 測定手順**

手順1）トータルステーションを図7.4のように起点と終点の中間の適当な位置に設置する
手順2）起点および終点に反射プリズムを設置し、各々の水平距離 $L_1$、$L_2$ および水平角度を測定し、その結果を記録する

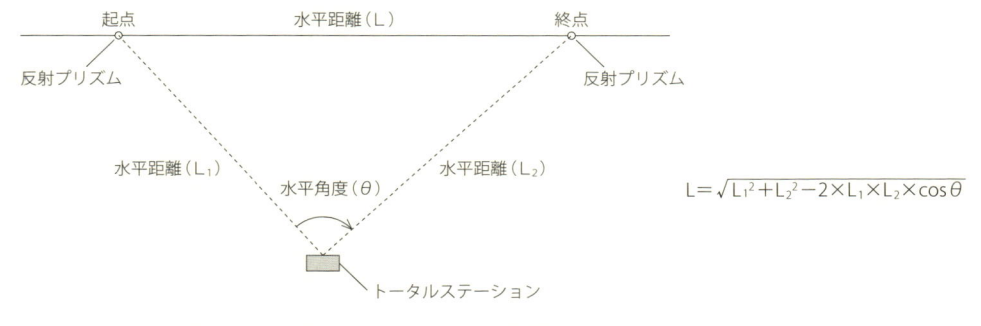

図7.4　トータルステーションによる距離計測

$$L=\sqrt{L_1^2+L_2^2-2\times L_1\times L_2\times\cos\theta}$$

### （4）測定結果のまとめ

測定した水平距離と水平角度を用いて、起点と終点の距離を余弦定理で求める。その結果を前項7.1.1の結果と比較し、測定条件における測定方法の適用に関して考察する。

## 7.2　水準測量

### 7.2.1　レベルの設置時の水平の確認方法

#### （1）測定課題

円形気泡管とティルティングねじを用いてレベルを水平に設置し、レベルの設置精度を確認する。

#### （2）使用機器

ティルティングレベル、定規

#### （3）測定手順

手順1）レベルを水平に設置する
手順2）同一の高さの定規A、Bをそれぞれ視準して、ティルティングねじで円筒形気泡管を水平にし、目盛を測定して記録する

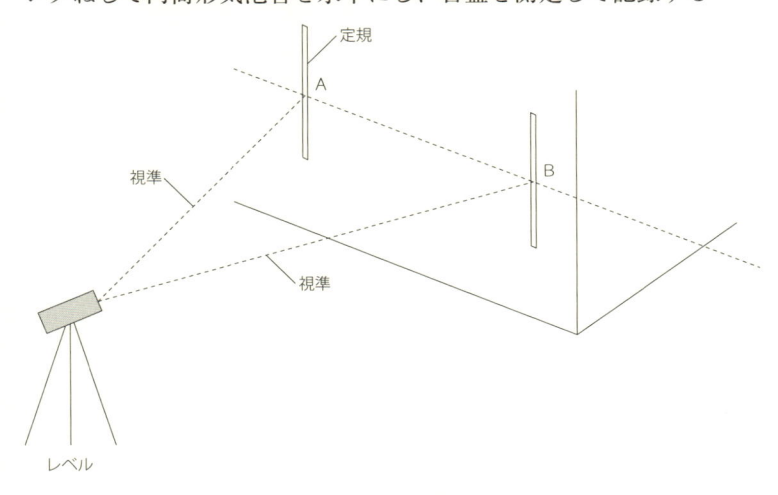

図7.5　レベルの水平精度の確認方法

### (4) 測定結果のまとめ

記録した A と B の測定値が同じであれば、レベルを水平に設置したことになる。A と B の測定値の差が使用したレベルの許容範囲を超えた場合には、その原因を考察する。

## 7.2.2 気泡管の感度の確認方法

### (1) 測定課題

使用するレベルの気泡管の感度を測定値から求める。

### (2) 使用機器

ティルティングレベル、巻尺、標尺

### (3) 円筒形気泡管の測定手順

手順1) レベルを水平に設置する

手順2) ティルティングねじで円筒形気泡管を水平にして、標尺の目盛 $h_1$ とレベルの中心から標尺までの水平距離を D を測定する

手順3) ティルティングねじで円筒形気泡管の気泡を図7.6のようにずらし、標尺の目盛 $h_2$ を測定する

手順4) 気泡管の感度が 20″/2mm とした場合に、円筒形気泡管のずれ s を求める

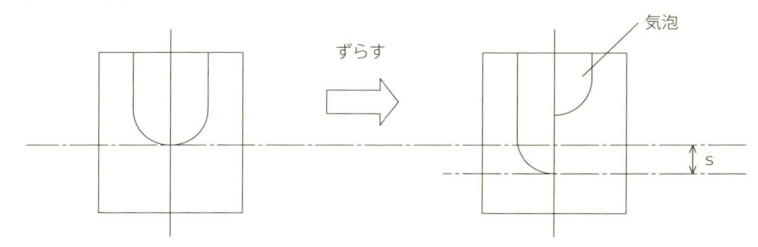

図7.6　円筒形気泡管の気泡のずらし

### (4) 円形気泡管の測定手順

手順1) 整準ねじの一つを標尺に向けた状態でレベルを水平に設置する

手順2) 円形気泡管と円筒形気泡管を水平にして、標尺の目盛 $h_1$ とレベルの中心から標尺までの水平距離を D を測定する

手順3) 標尺に向けた整準ねじを回して、円形気泡管を図7.7のように中心から 3mm ずらし、標尺の目盛 $h_2$ を測定する（円筒形気泡管も傾いた状態となる）

手順4) 円形気泡管の感度を求める

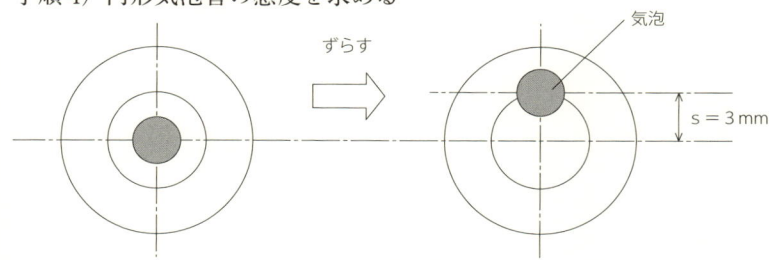

図7.7　円形気泡管の気泡ずらし

$$r = s \times \frac{D}{h}$$

$$\theta = \frac{s}{r} \times \frac{180 \times 60 \times 60}{\pi}$$

$\theta$：気泡の傾斜角（秒）
s：気泡の移動距離
D：標尺までの水平距離
h：目盛の測定値の差
r：気泡管の曲率半径

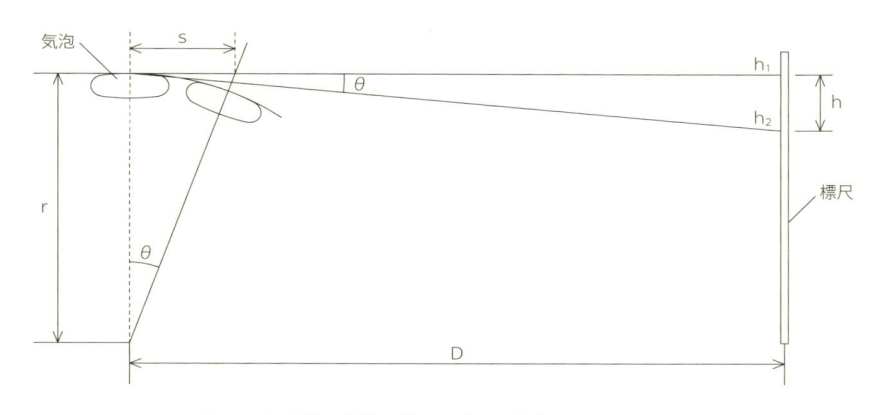

図7.8　気泡管の移動距離と目盛の測定値の関係

**（5）測定結果のまとめ**

測定結果から使用するレベルの円筒形気泡管と円形気泡管の精度を比較する。また、測定時のレベルの水平精度が測定結果に与える影響を考察する。

### 7.2.3 高低差の計測

**（1）測定課題**

直接視準が不可能な2点間の高低差および複数点間の高低差をレベルを用いて測定し、測定結果を求める。

**（2）使用機器**

ティルティングレベル、標尺、標尺台

**（3）2点間の高低差の測定手順**

手順1）敷地内に高さが既知の既知点と高低差を測定する未知点を設置する

手順2）既知点と未知点の間で視準距離が約20m間隔になるように盛替点を決めてレベルを設置し、標尺の高さを測定する

手順3）往路（既知点から未知点方向）、復路（未知点から既知点方向）の2回計測を行う

手順4）測定値は表7.2の記入事例に従って記入し、往路と復路の測定値の差を求める

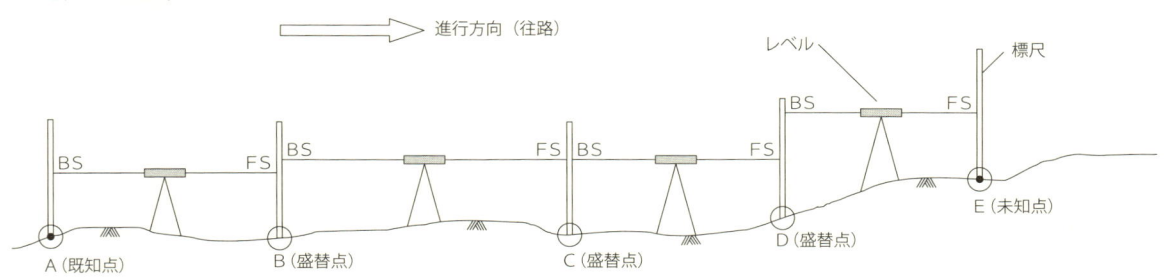

図7.9　2点間の高さの測定

表7.2 記入事例

| 往路 | | | 復路 | | |
|---|---|---|---|---|---|
| 計測点 | BS | FS | 計測点 | BS | FS |
| A | | | E | | |
| B | | | D | | |
| C | | | C | | |
| D | | | B | | |
| E | | | A | | |

往路の高低差 $h_1 = \Sigma(BS) - \Sigma(FS)$

復路の高低差 $h_2 = \Sigma(BS) - \Sigma(FS)$

往路と復路の測定値の差 $D = h_1 - h_2$

**(4) 複数点の高さの測定手順**

手順1) 敷地内に既知点を基準面とし、未知点を2カ所設置する

手順2) 盛替点を決めて、レベルを移動しながら各点の標尺の高さを測定する

手順3) 測定値は表7.3の記入事例に従って記入し、未知点の基準面からの高低差を求める

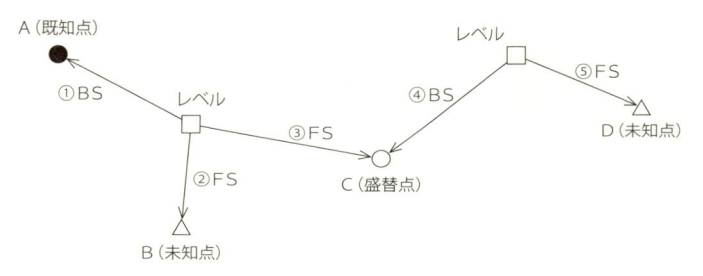

図7.10 複数点間の高さの測定

表7.3 記入事例

| 計測点 | BS | FS | FS | 基準面からの高さ |
|---|---|---|---|---|
| A | | | | |
| B | | | | |
| C | | | | |
| D | | | | |

**(5) 測定結果のまとめ**

　2点間の高低差の測定においては、往路と復路の高低差の平均値を用いることで、測定における誤差を少なくすることができる。また、往路と復路の差が大きい場合は、測定においてミスがあると考えられるので再測定が必要である。

　複数点の高さ測定においては、盛替点を増やすことによる広範囲の測定が可能であるが、盛替えによる誤差を確認する必要がある。

## 7.3 角度測量

### 7.3.1 水平角度と三角形の辺長の計測

**（1）測定課題**

一辺の長さが約 20m の三角形を作成し、三角形の各内角を倍角

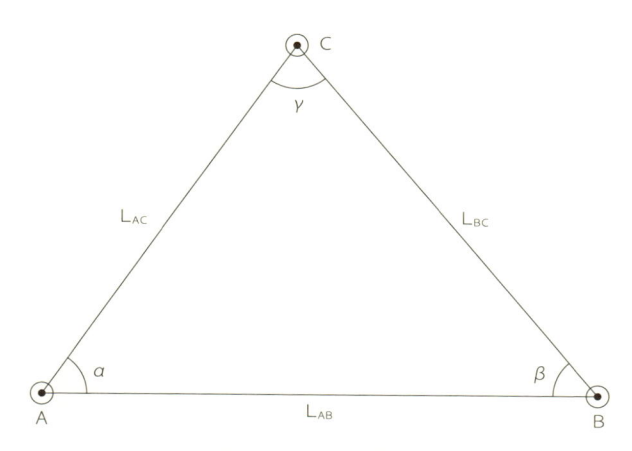

図7.11　作成する三角形

表7.4　測定値の記入用紙

| 項目 | 値 | | 計算式 |
|---|---|---|---|
| $L_{AB}$ | 20 | m | |
| $L_{AC}$ | 20 | m | |
| $L_{BC}$ | 20 | m | |
| $α$ | | 度 | 測定値が度分秒である場合は、分と秒の単位を度に変換する。 |
| $β$ | | 度 | |
| $γ$ | | 度 | 変換式 $\left(度 + \dfrac{分}{60} + \dfrac{秒}{3600}\right)$ |
| 角度の合計 $Σθ$ | | 度 | $Σθ = α + β + γ$ |
| 誤差 e | | 度 | 測定した角度の和が 180° であるかを確認する。<br>$e = 180 - Σθ$ |
| 計算値 $CL_{AC}$ | | m | 測定した角度 $β$ と $γ$、距離 $L_{AB}$ を用いて $L_{AC}$ の計算値 $CL_{AC}$ を求める。<br>$CL_{AC} = \dfrac{L_{AB} \times \sin β}{\sin γ}$ |
| 計算値 $CL_{BC}$ | | m | 測定した角度 $α$ と $γ$、距離 $L_{AB}$ を用いて $L_{BC}$ の計算値 $CL_{BC}$ を求める。<br>$CL_{BC} = \dfrac{L_{AB} \times \sin α}{\sin γ}$ |
| 距離のずれ<br>$ΔL_{AC}$<br>$ΔL_{BC}$ | | m<br>m | 角度の誤差による距離の差<br>$ΔL_{AC} = 20 - CL_{AC}$<br>$ΔL_{BC} = 20 - CL_{BC}$ |

法で測定する。測定した角度を用い、三角形の各辺の距離を正弦定理で求めて、測定した角度の誤差による距離のずれを確認する。

**(2) 使用機器**
　　セオドライト、巻尺

**(3) 測定手順**
手順1）巻尺で三角形の各辺の距離 $L_{AB}$、$L_{AC}$、$L_{BC}$ を測って 20m であることを確認する
手順2）三角形の内角 $\alpha$（∠CAB）、$\beta$（∠ABC）、$\gamma$（∠BCA）を2倍角で測定する

**(4) 測定結果のまとめ**
　測定値を表7.4の記録用紙に記入し、三角形の各内角の合計が 180°であるかを確認する。また、測定した角度を用いて正弦定理による三角形の各辺の距離を求め、角度の誤差による距離のずれを確認する。

### 7.3.2 直角三角形の作図

**(1) 測定課題**
　セオドライトの決められた角度を回す機能を用いて実スケールの直角三角形を作図する。作図した三角形の辺の長さを測定し、誤差を求める。

**(2) 使用機器**
　　セオドライト、巻尺

**(3) 測定手順**
手順1）平坦な場所を選び、点 A の位置に十字を書く
手順2）点 A の十字の中心に鉛直軸を合わせてセオドライトを設置する
手順3）点 A から 10m 程度の距離の点 B' に印を付ける
手順4）セオドライトを点 B' に視準し、固定ねじを締める。セオドライトの望遠鏡を傾け、点 B'' を視準し、印を付ける
手順5）巻尺を用いて点 A から $\overline{B'B''}$ に向けて 10m の距離を測定し、その位置に点 B の十字線を書く
手順6）セオドライトの角度を 00°00′00″ に設定し、点 B を視準する
手順7）セオドライトを 90 度回転させて、点 A から約 17.320m の距離を視準し、点 C' に印を付ける
手順8）セオドライトの望遠鏡を傾け、点 C'' を視準し、印を付ける
手順9）点 B の十字の中心に鉛直軸を合わせてセオドライトを設置する
手順10）セオドライトの角度を 00°00′00″ に設定し、点 A を視準する
手順11）セオドライトを時計回りに 300 度水平回転させて、$\overline{C'C''}$

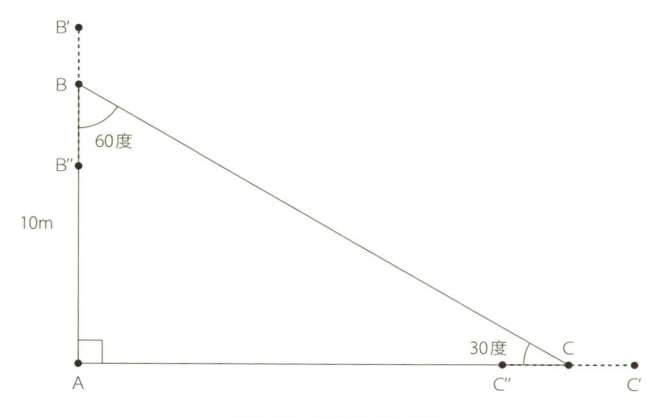

図7.12 作成する三角形

表7.5 測定値の記入用紙

| 項目 | 測定値 | 誤差 |
|---|---|---|
| $L_{BC}$ | m | $20-L_{BC}$ |
| $L_{AC}$ | m | $10\sqrt{3}-L_{AC}$ |
| ∠ACB | 度 | $30-∠ACB$ |

を視準し、その交点を点Cの位置とし、三角形の点A、B、Cを決める

**(4) 測定結果のまとめ**

作図した三角形△ABCの辺長$L_{BC}$、$L_{AC}$、角度∠ACBを測定し、表にまとめて理論値との誤差を求める。

### 7.3.3 水平角度と水平距離による倒れの計測

**(1) 測定課題**

トータルステーションを用いて、距離と角度を測り、ポールの傾きを求める。

**(2) 使用機器**

トータルステーション、反射シート、高さ約10mのポール

**(3) 測定手順**

手順1) 平面上の点$P_1$の中心に鉛直軸を合わせてトータルステーションを設置する

手順2) ポール下部の反射シートの点Oを視準し、距離$L_1$と天頂角$\theta_1$から水平距離$L_{PO}$を求める。このときのトータルステーションの水平角度を0度に設定する

手順3) ポール上部の反射シートの点Aを視準し、距離$L_2$と天頂角$\theta_2$から水平距離$L_{PA}$を求める。水平角度$\theta_3$を測定する

手順4) 正と反で手順2)と3)を実地する

手順5) 以上の手順を平面上の点$P_2$に対して行い、その結果を表に記入する

立面

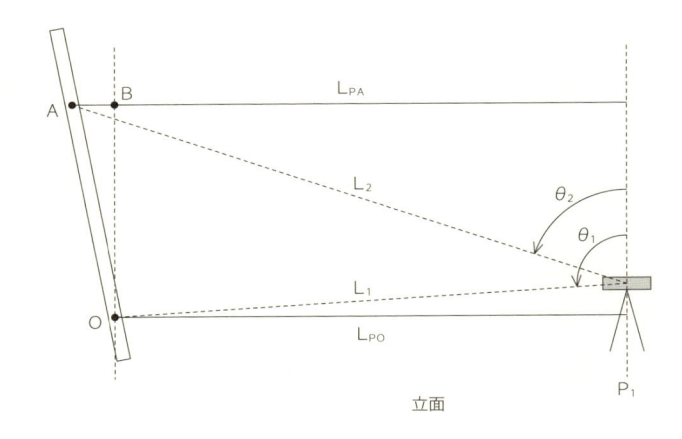

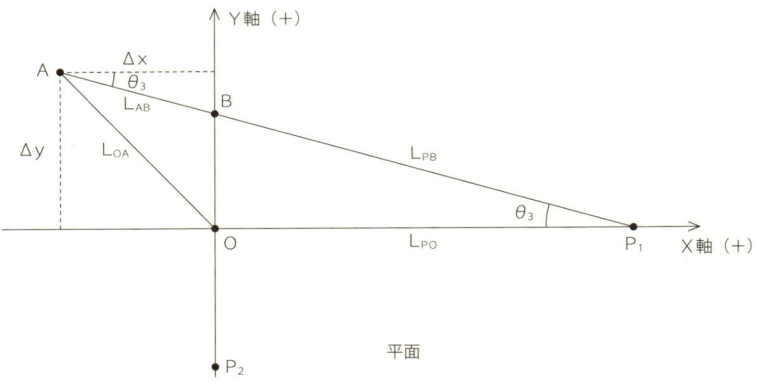

$$L_{AB} = L_{PA} - \left(\frac{L_{PO}}{\cos\theta_3}\right)$$
$$\Delta x = L_{AB} \times \cos\theta_3$$
$$\Delta y = L_{PA} \times \sin\theta_3$$
$$L_{OA} = \sqrt{\Delta x^2 + \Delta y^2}$$

平面

**図7.13　距離と角度による傾きの求め方**

**表7.6　測定値の記入用紙**

点 $P_1$

|   | $L_{PO}$ (m) | $L_{PA}$ (m) | $\theta_3$ (度) | $L_{AB}$ (m) | $\Delta x$ (m) | $\Delta y$ (m) | $L_{OA}$ (m) |
|---|---|---|---|---|---|---|---|
| 正 | | | | | | | |
| 反 | | | | | | | |
| 平均 | | | | | | | |

点 $P_1$

|   | $L_{PO}$ (m) | $L_{PA}$ (m) | $\theta_3$ (度) | $L_{AB}$ (m) | $\Delta x$ (m) | $\Delta y$ (m) | $L_{OA}$ (m) |
|---|---|---|---|---|---|---|---|
| 正 | | | | | | | |
| 反 | | | | | | | |
| 平均 | | | | | | | |

### (4) 測定結果のまとめ

測定した結果を表にまとめて、点 A の平面上の位置座標 $\Delta x$、$\Delta y$ を求める。点 $P_1$ と点 $P_2$ の結果を比較し、$\Delta x$、$\Delta y$ のずれを確認する。その結果から、高さ方向に対する傾きの測定方法の建築作業への応用について考察する。

## 7.4 三次元測量

### 7.4.1 角度と距離を用いた三次元座標の計測（原点と一つの軸方向が既知の場合）

**（1）測定課題**

原点と軸方向が既知の平面直角座標において、トータルステーションを使用して未知点の距離と角度を測定して、三次元座標を求める。

**（2）使用機器**

トータルステーション、反射プリズム

**（3）測定手順**

手順1）原点O、X軸上の点X、原点から約3m離れた位置に測点A、B、C、Dが与えられる。

手順2）点Oの中心に鉛直線を合わせてトータルステーションを設置して、点Xを視準してトータルステーションの水平角を0度に設定する

手順3）点Aにプリズムを置き、斜距離S、天頂角$V_\theta$、水平角$A_Z$、機械高$M_h$、プリズム高$P_h$を測定し、記録する。残り3つの点B、C、Dに対しても同様に行う

**（4）測定結果のまとめ**

記録した測定結果を表にまとめる。式を用いて点A、B、C、Dの三次元座標を求める。求めた各点の三次元座標を作図し、その位置関係が正しいのかを確認する。

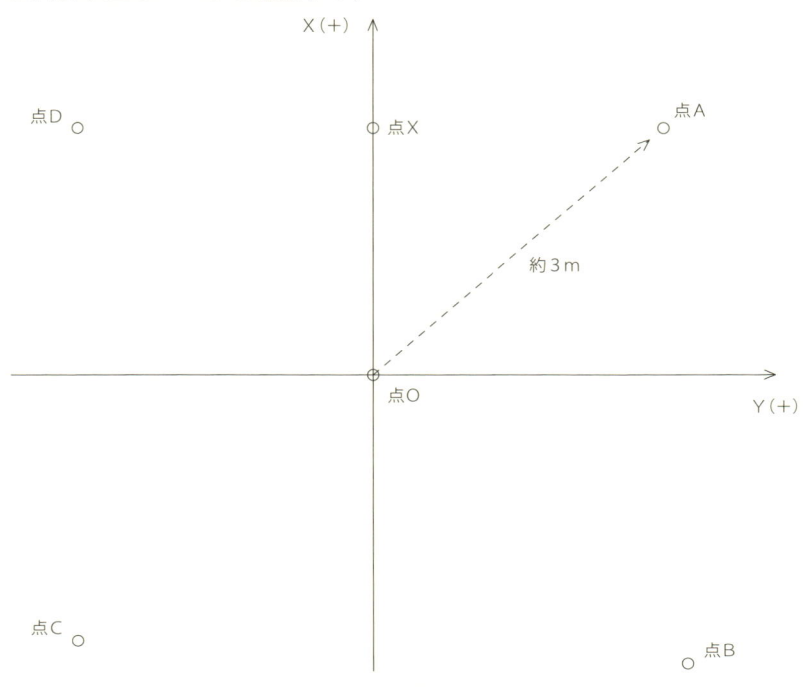

図7.14　原点と一つの軸方向が既知の場合の三次元測定

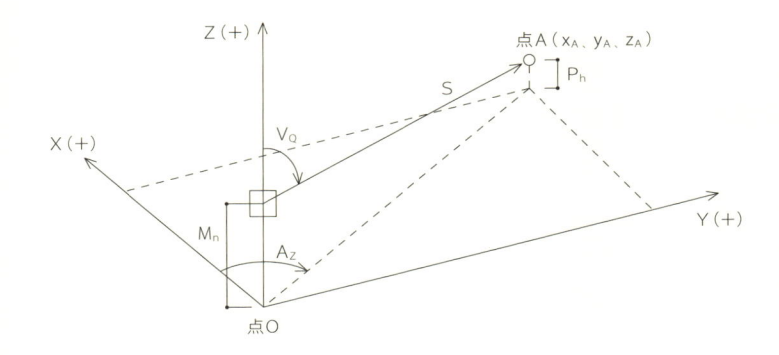

$x_A = S \times \sin V_\theta \times \cos A_z$
$y_A = S \times \sin V_\theta \times \sin A_z$
$z_A = S \times \cos V_\theta + M_h - P_h$
 $S$：斜距離
 $V_\theta$：天頂角
 $A_z$：水平角
 $M_h$：器械高
 $P_h$：プリズム高

| 点 | S | $V_\theta$ | $A_z$ | $M_n$ | $P_h$ | x | y | z |
|---|---|---|---|---|---|---|---|---|
| A |   |   |   |   |   |   |   |   |
| B |   |   |   |   |   |   |   |   |
| C |   |   |   |   |   |   |   |   |
| D |   |   |   |   |   |   |   |   |

図7.15　トータルステーションの測定と記入表

## 7.4.2 角度と距離を用いた三次元座標の計測（原点と一つの座標が既知の場合）

### （1）測定課題
　原点と一つの点の座標が既知の平面直角座標において、未知点に設置したトータルステーションの三次元座標を求める。

### （2）使用機器
　トータルステーション、反射プリズム

### （3）測定手順
手順1）未知点 D の中心に鉛直線を合わせてトータルステーションを設置する
手順2）既知点 A にプリズムを置き水平距離 $L_{DA}$、点 O にプリズムを置き水平距離 $L_{DO}$、水平角 $\theta_D$、天頂角 $V_\theta$、斜距離 S を測定し、測定値と器械高 $M_h$、プリズム高 $P_h$ を記録する

### （4）測定結果のまとめ
　記録した測定結果を表にまとめる。式を用いて点 D の三次元座標を求める。

$X_D = L_{DO} \times \cos\theta_1$、$Y_D = L_{DO} \times \sin\theta_1$、
$Z_D = P_h - (S \times \cos V_\theta + M_h)$
$\theta_1 = 360 - (\theta_O - (90 - \theta_B))$
　または $\theta_1 = 360 - (\theta_O - \theta_A)$
$\theta_A = \sin^{-1}\left(\dfrac{Y_A}{L_{OA}}\right)$
$\theta_B = \sin^{-1}\left(\dfrac{X_A}{L_{OA}}\right)$
$L_{OA} = \sqrt{L_{DO}^2 + L_{DA}^2 - 2 \times L_{DO} \times L_{DA} \times \cos\theta_D}$
$\theta_O = \sin^{-1}\left(\dfrac{\sin\theta_D}{L_{OA}} \times L_{DA}\right)$

　S ：斜距離
　$V_\theta$：天頂角
　$M_h$：器械高
　$P_h$：プリズム高

| 点 | $L_{DA}$ | $L_{DO}$ | $\theta_D$ | S | $V_\theta$ | $A_Z$ | $M_h$ | $P_h$ | $x_A$ | $y_A$ | $z_A$ | $x_D$ | $y_D$ | $z_D$ |
|---|---|---|---|---|---|---|---|---|---|---|---|---|---|---|
| D | | | | | | | | | | | | | | |

図7.16　原点と一つの座標が既知の場合の三次元の測定

## 7.4.3 角度と距離を用いた三次元座標の計測（2つの座標が既知の場合）

**(1) 測定課題**

　2つの点の座標が既知の平面直角座標において、一つの既知点の上にトータルステーションを設置し、未知点の距離と角度を測定して三次元座標を求める。

**(2) 使用機器**

　トータルステーション、反射プリズム

**(3) 測定手順**

手順1）既知点Dの中心に鉛直線を合わせてトータルステーションを設置する

手順2）既知の点Aにプリズムを置き、トータルステーションの水平角度を0に設定する。プリズムを点Bに置き、水平角度$\theta_2$、斜距離S、器械高$M_h$、プリズム高$P_h$を測定して記録する

手順3）未知点Cに対しても手順2）の測定記録を行う

**(4) 測定結果のまとめ**

　記録した測定結果を表にまとめる。式を用いて、点Bと点Cの三次元座標を求める。

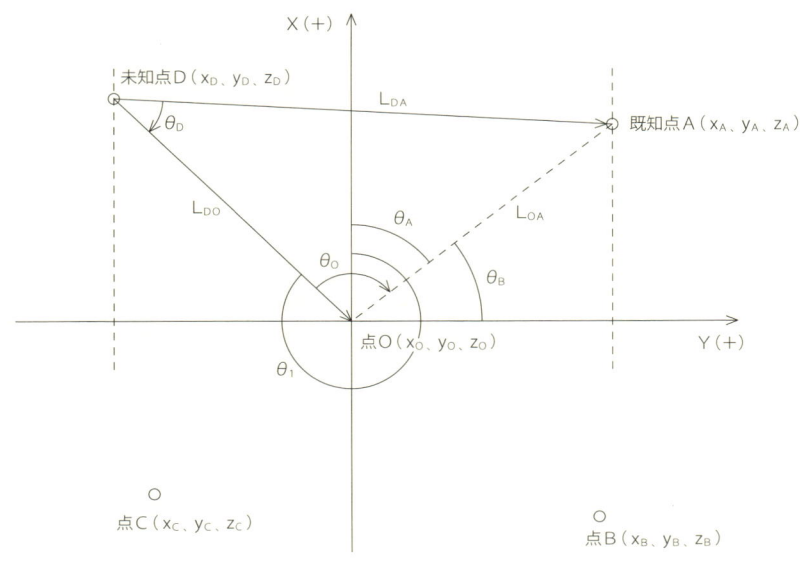

$$x_B = L_{DB} \times \cos A_Z + y_D$$
$$y_B = L_{DB} \times \sin A_Z + y_D$$
$$z_B = (S \times \cos V_\theta + M_h) - P_h$$
$$\theta_1 = 90 + \sin^{-1} \frac{(x_D - x_A)}{\sqrt{(x_D - x_A)^2 + (y_D - y_A)^2}}$$
$$A_Z = \theta_1 + \theta_2$$

- $S$：斜距離
- $V_\theta$：天頂角
- $\theta_1、\theta_2$：水平角
- $M_h$：器械高
- $P_h$：プリズム高

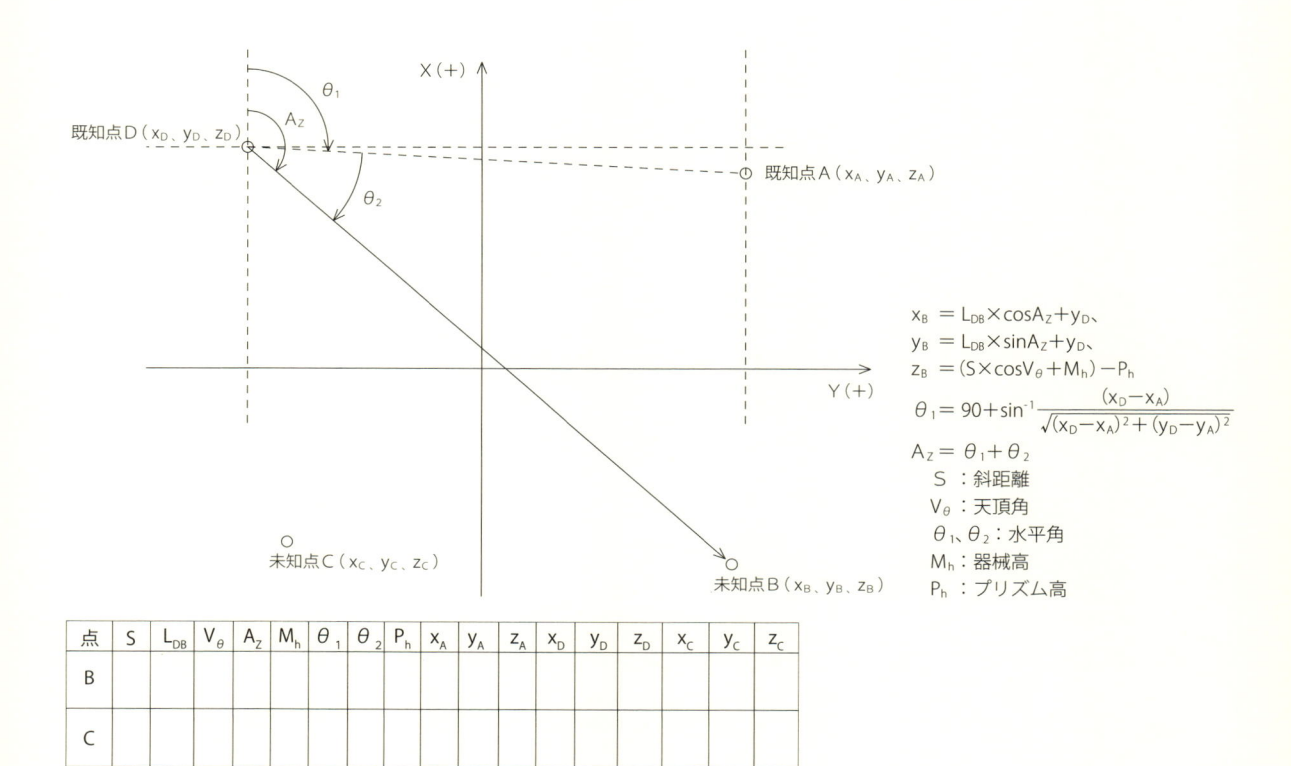

| 点 | S | $L_{DB}$ | $V_\theta$ | $A_Z$ | $M_h$ | $\theta_1$ | $\theta_2$ | $P_h$ | $x_A$ | $y_A$ | $z_A$ | $x_D$ | $y_D$ | $z_D$ | $x_C$ | $y_C$ | $z_C$ |
|---|---|---|---|---|---|---|---|---|---|---|---|---|---|---|---|---|---|
| B | | | | | | | | | | | | | | | | | |
| C | | | | | | | | | | | | | | | | | |

図7.17　2つの座標が既知の場合の三次元の測定

## 参考文献

- (社)土木学会編『明治以前日本土木史』岩波書店、1936
- 朝日新聞社編『日本科学技術史』朝日新聞社、1962
- 竹島卓一著『中国の建築』中央公論美術出版、1970
- 村松貞次郎監修『絵図大工百態』新建築社、1974
- 中川徳郎著『土木工学基礎講座 3 測量学』朝倉書店、1975
- 織田武雄著『地図の歴史（講談社現代新書）』講談社、1978
- チャールズ・シンガー他編『技術の歴史 増補版』筑摩書房、1979
- 松崎利雄著『江戸時代の測量術』総合科学出版、1979
- 佐藤俊朗編『測量要論』共立出版、1981
- 中国建築史編集委員会編、田中淡訳編『中国建築の歴史』平凡社、1981
- 村松貞次郎著『大工道具の歴史（岩波新書）』岩波書店、1982
- 藪内清著『科学史からみた中国文明（NHKブックス）』日本放送出版協会、1982
- 中村雄三著『道具と日本人（二十一世紀図書館）』PHP研究所、1983
- 佐島秀夫・新井春人著『基礎土木講座 測量』コロナ社、1984
- 友田好文・鈴木弘道・土屋淳編『地球観測ハンドブック』東京大学出版会、1985
- 全建設省労働組合地理支部編『地図をつくる』大月書店、1986
- 速水侑著『日本仏教史 古代』吉川弘文館、1986
- 菊池俊彦編『図譜 江戸時代の技術』恒和出版、1988
- 中川徳郎著『地籍測量1 登記測量 3訂』山海堂、1989
- 全国建設研修センター編『工事測量現場必携』森北出版、1990
- ペンタックス測量機図書編集委員会編『よくわかる トータルステーション』山海堂、1990
- 日本写真測量協会監修、村井俊治・木全敬蔵編『図説 ハイテク考古学』河出書房新社、1991
- 近藤二郎著『ものの始まり50話（岩波ジュニア新書）』岩波書店、1992
- 浜島正士著『設計図が語る古建築の世界』彰国社、1992
- 苅屋公明・前田親良共著『計測の科学と工学』産業図書、1993
- ソキア編「測量と測量機のレポート」ソキア、1994
- 田村恭・篠崎守著『実務に即した 図解 建築測量』彰国社、1995
- 富樫新三著『日本建築双書 図解 規矩術』理工学社、1996
- 大嶋太市著『測量学』共立出版、1997
- 藤原勇喜著『公図の研究』大蔵省印刷局、1997
- 小田部和司著『図解土木講座 測量学 第二版』技報堂出版、1999
- 西修二郎著『図説 GPS－測位の理論』日本測量協会、2007
- 国立天文台編『理科年表』丸善
- 測量法
- 測量法施行令
- 測量法施行細則
- 基本測量長期計画 建設省告示1055号 S49・8・5
- 日本建築学会「JASS」
- カタログ（トプコン、ソキア、ニコンジオテックス、旭精密、タジマツール）

# 索 引

## あ

| 麻縄 | 014 |
| アリダート | 009 |
| アンカーボルト | 106 |
| 位相差 | 033 |
| 緯度 | 018 |
| ($\overline{X}$-R)管理図 | 119 |
| 円形気泡管 | 036, 040, 126 |
| 鉛直軸 | 039, 054 |
| 鉛直性の測定 | 059 |
| 円筒形気泡管 | 126 |
| 応用測量 | 008 |
| 温度補正 | 029 |

## か

| カーテンウォール | 111 |
| 回転つまみ | 056 |
| 開放トラバース | 011 |
| 角度測量 | 009 |
| 型枠建込み | 102 |
| 干渉測位法 | 071 |
| 規矩術 | 015 |
| 規矩準縄 | 014 |
| 基準墨 | 086 |
| 基準墨出し | 098, 099 |
| 基準高さ | 099 |
| 基準点測量 | 078 |
| 基準巻尺 | 105 |
| 気象補正計算 | 034 |
| キネマティック法 | 071 |
| 気泡管 | 039 |
| 気泡管軸 | 047 |
| 基本測量 | 008, 013 |
| キャリブレーション | 073 |
| 求心装置 | 055 |
| 境界杭 | 079 |
| 局地測量 | 008 |
| 距離測量 | 008 |
| 杭芯 | 089 |
| 杭打設 | 090 |
| 杭伏図 | 089 |
| 空中写真測量 | 012 |
| 掘削作業 | 094 |
| 駆動装置 | 067 |
| 蹴上げ | 115 |
| 経度 | 018 |
| 蹴込み | 115 |
| 結合トラバース | 011 |
| 検尺テープ | 091 |
| 現寸検査 | 105 |
| 験潮所 | 020 |
| 光学式セオドライト | 051 |
| 公共測量 | 013 |
| 工事測量 | 008 |
| 公図 | 022 |
| 鋼製巻尺 | 028, 122 |
| 光波距離計 | 028, 124 |
| 子墨 | 086 |
| 子墨出し | 098, 099, 102 |
| 固定ねじ | 056 |

## さ

| 下げ振り | 051 |
| さしがね（曲尺） | 087 |
| 三角関数 | 025 |
| 三角測量 | 010 |
| 三角点 | 020 |
| 三角法 | 023 |

| | |
|---|---|
| 三次元座標 | 068 |
| 三次元測量 | 009 |
| 散布図 | 119 |
| 三辺測量 | 010 |
| 三辺法 | 023 |
| 仕上げ墨 | 086 |
| GPS衛星群 | 070 |
| GPS受信装置 | 070 |
| ジオイド | 019 |
| 自己位置補正装置 | 067 |
| 視準軸 | 040 |
| 視準線 | 040 |
| 地墨 | 108 |
| 実測図 | 078 |
| 自動視準装置 | 067 |
| 自動補正装置 | 039, 041 |
| 自動レベル | 038 |
| 地縄張り | 080 |
| 受光装置 | 041 |
| 水準器 | 038 |
| 水準原点 | 017 |
| 水準測量 | 009 |
| 水準点 | 020 |
| 水平角 | 022 |
| 水平角度 | 129 |
| 水平距離 | 022 |
| 水平軸 | 054 |
| スケール直読み方式 | 051 |
| 図根点 | 021 |
| スタジア測量 | 010 |
| スタティック法 | 071 |
| ステレオカメラ | 066 |
| 墨差し | 087 |
| 墨出し作業 | 078 |
| 墨壺 | 087 |
| 正弦定理 | 026 |
| 整準装置 | 039 |
| 整準台 | 040 |
| 精度管理 | 115 |
| 製品寸法 | 106 |
| セオドライト | 051 |
| 世界測地系 | 017 |
| 繊維系巻尺 | 028 |
| 全地球測位システム | 012, 066 |
| 相似三角形 | 014 |

| | |
|---|---|
| 相対測位法 | 071 |
| 測地学的測量 | 008 |

## た

| | |
|---|---|
| 大地測量 | 008 |
| タイル | 113 |
| 楕円体 | 018 |
| 多角測量 | 011 |
| 多角点 | 021 |
| 建入れ精度 | 107 |
| 建具 | 110 |
| 竪墨 | 108 |
| たるみ補正 | 029 |
| 単測法 | 062 |
| 単独測位法 | 071 |
| 段鼻 | 114 |
| 地形測量 | 008 |
| 地上支援局 | 070 |
| 地上写真測量 | 012 |
| 地籍測量 | 008 |
| 地籍測量図 | 022 |
| 地中埋設物 | 079 |
| 張力補正 | 029 |
| 直線の延長 | 060 |
| 定数補正 | 029 |
| ディファレンシャル法 | 071 |
| ティルティングねじ | 039 |
| ティルティングレベル | 038 |
| 鉄骨製作 | 105 |
| 点群 | 074 |
| 点群データ | 066 |
| 電子基準点 | 021 |
| 電子式セオドライト | 051 |
| 天井仕上げ | 113 |
| 天井割付 | 113 |
| 電子レベル | 038 |
| 等高線図法 | 016 |
| トータルステーション | 028, 066, 124 |
| 通り芯 | 081, 082 |
| 土木測量 | 008 |
| トランシット | 050 |

## な

| | |
|---|---|
| 二次元座標 | 023 |
| 日本経緯度原点 | 017, 019 |
| 日本国土基本図 | 021 |
| 日本水準原点 | 019 |
| 日本測地系 | 017 |
| 法切り | 093 |

## は

| | |
|---|---|
| バーニア方式 | 050 |
| 倍角法 | 062 |
| 場所打ち杭 | 092 |
| 柱型枠 | 102 |
| 八分円器 | 015 |
| 反射プリズム | 035 |
| 控え杭 | 079 |
| ヒストグラム | 118 |
| 標尺 | 088 |
| ピンポール型 | 036 |
| ピンホールカメラ | 072 |
| VLBI | 017 |
| 踏面 | 115 |
| プリズム定数 | 035 |
| 閉合トラバース | 011 |
| 平板測量 | 009 |
| 平面位置 | 022 |
| 平面測量 | 008 |
| 平面直角座標系 | 021 |
| ベースプレート | 107 |
| ベンチマーク | 078 |
| 扁平率 | 018 |
| 望遠鏡 | 039 |
| 方向法 | 062 |

## ま

| | |
|---|---|
| マイクロ方式 | 051 |
| 巻尺 | 028 |
| 水盛管 | 039 |

## や

| | |
|---|---|
| 山留め壁 | 094 |
| 遣り方杭 | 081 |
| ユニット型 | 036 |
| 余弦定理 | 026 |

## ら

| | |
|---|---|
| 立体位置 | 024 |
| 隣接構造物 | 080 |
| レーザー鉛直器 | 051 |
| レーザー式レベル | 038 |
| レーザースキャナー | 013, 066 |
| レベル | 125 |
| 陸墨 | 108 |
| 六分円器 | 015 |

**著者略歴**

**佐野武**（さの たけし）
1940 年　茨城県生まれ
1964 年　早稲田大学第一理工学部建築学科卒業
　　　　　清水建設（株）入社
2000 年　清水建設退社
2010 年まで（株）PDS 勤務
1983 ～ 2011 年　早稲田大学非常勤講師
　　　　　一級建築士、一級建築施工管理技士
主な著書：『建設業現場主任講座・建築工事の施工計画』、清文社、1982、『わかりやすい免震建築』（共著）、理工図書、1987

**嘉納成男**（かのう なるお）
1947 年　兵庫県生まれ
1970 年　早稲田大学理工学部建築学科卒業
1977 年　早稲田大学大学院理工学研究科博士課程退学
1988 年　早稲田大学理工学部教授
現　在　早稲田大学名誉教授
　　　　　博士（工学）
主な著書：『作業能率測定指針・同解説』（共著）、日本建築学会、1990、『建築工事における工程の計画と管理指針・同解説』、日本建築学会、2004
主な受賞：日本建築学会賞（論文）受賞（1995 年）

**蔡成浩**（ちぇ そんほ）
1967 年　韓国生まれ
1992 年　中央大学（韓国）卒業
2002 年　早稲田大学大学院理工学研究科博士課程退学
2006 年　鹿島建設（株）入社
現　在　鹿島建設（株）技術研究所上席研究員、早稲田大学非常勤講師
　　　　　博士（工学）

**建築測量　基本と実践**

2013年9月10日　第1版発行
2022年2月10日　第1版第2刷

|  |  |  |
|---|---|---|
| 著者 | 佐　野　　　　武 | |
|  | 嘉　納　成　男 | |
|  | 蔡　　　成　浩 | |
| 発行者 | 下　出　雅　徳 | |
| 発行所 | 株式会社　彰　国　社 | |

著作権者との協定により検印省略

162-0067　東京都新宿区富久町8-21
電話　03-3359-3231（大代表）
振替口座　00160-2-173401

自然科学書協会会員
工学書協会会員

Printed in Japan

Ⓒ 佐野武・嘉納成男・蔡成浩　2013年

印刷：壮光舎印刷　製本：中尾製本

ISBN978-4-395-02314-1　C3052

https://www.shokokusha.co.jp

本書の内容の一部あるいは全部を、無断で複写（コピー）、複製、および磁気または光記録媒体等への入力を禁止します。許諾については小社あてご照会ください。